Heinz Hillen

Besser forschen

Copyright: © 2021 Heinz Hillen
Lektorat: Erik Kinting – www.buchlektorat.net
Umschlag & Satz: Erik Kinting
Vector illustration »Creating Idea« von akindo (istockphoto)

Verlag und Druck:
tredition GmbH
Halenreie 40-44
22359 Hamburg

978-3-347-29573-5 (Paperback)
978-3-347-29574-2 (Hardcover)
978-3-347-29575-9 (e-Book)

Das Werk, einschließlich seiner Teile, ist urheberrechtlich geschützt. Jede Verwertung ist ohne Zustimmung des Verlages und des Autors unzulässig. Dies gilt insbesondere für die elektronische oder sonstige Vervielfältigung, Übersetzung, Verbreitung und öffentliche Zugänglichmachung.

Bibliografische Information der Deutschen Nationalbibliothek:
Die Deutsche Nationalbibliothek verzeichnet diese Publikation in der Deutschen Nationalbibliografie; detaillierte bibliografische Daten sind im Internet über http://dnb.d-nb.de abrufbar.

Über den Autor

Heinz Hillen, Jahrgang 1955, hat in Köln Chemie studiert und bereits während seines Zivildienstes in einem endokrinologischen Forschungslabor den typischen Forschungsbetrieb in der Medizin kennengelernt.

Nach dem Studium mit Schwerpunkt *Organische Chemie* promovierte er von 1980–1983 am *Institut für Physiologische Chemie* beim Mediziner und Chemiker Prof. Wilhelm Stoffel an der Universitätsklinik Köln. Diese Zeit wird durch die fast optimalen Bedingungen hinsichtlich der Relevanz der Themen, der finanziellen und modernen apparativen Ausstattungen sowie einem ehrgeizigen interdisziplinären Team zu einer perfekten Vorbereitung für seine spätere Tätigkeit in der forschenden Pharmaindustrie. Wilhelm Stoffel lebt die wichtigen Eigenschaften eines erfolgreichen Forschers täglich seinen Mitarbeitern vor: Fokussierung auf wichtige Themen, Begeisterung, Intensität, Kampfgeist und Stehauf-Mentalität.

Heinz Hillen tritt 1984 in die biotechnologische Pharma-Forschung der *BASF* ein und wird 1986 Projektleiter für *Tumor Nekrose Faktor* (TNF). Im Zuge dieses Projektes werden Arbeiten zur Generierung von TNF-Antikörpern gestartet.

Der zunächst als TNF-Messsonde entstandene monoklonale Antikörper *MAK 195*, der von Achim Möller hergestellt wurde, wird erst als Segard und später als humanisierter Antikörper, *Humira,* zu dem bisher weltweit erfolgreichsten Arzneimittel der Medizingeschichte.

Heinz Hillen findet 1988 parallel zum *MAK 195* den löslichen TNF-Rezeptor 2 im Urin von Fieberpatienten. Aus diesem Protein macht die Firma *Immunex* den Wirkstoff *Enbrel, der* nach *Humira* in den späten 2010er-Jahren zur Nummer 2 in der Umsatzliste der

Therapeutika aufsteigt. Beide Arzneimittel sind heute medizinischer Standard bei einer Vielzahl von entzündlichen Autoimmunerkrankungen wie z. B. Rheuma, Psoriasis und Morbus Crohn.

2001 wechselte Heinz Hillen zur Firma *Abbott*, wo er die Leitung der Medizinischen Chemie im Arbeitsgebiet der Neurologie in Ludwigshafen übernahm. Während der nächsten 18 Jahre, ab 2013 dann unter der ausgegliederten Firma *Abbvie*, arbeitete er an mehr als 30 verschiedenen Forschungsprojekten, von denen einige bis in klinische Prüfungen fortgeführt wurden. Über 15 Jahre widmete er sich mit einer kleinen Forschergruppe der Ausarbeitung hochspezifischer Beta-Amyloid-Oligomer-gerichteter Immuntherapien zur Behandlung der Alzheimerschen Erkrankung.

Fachpublikationen des Autors (ohne Patente):
https://loop.frontiersin.org/people/765525/overview

Über dieses Buch

Die Menschheit steht bedingt durch den beschleunigten Klimawandel und das Bevölkerungswachstum in den nächsten Jahrzehnten vor der Notwendigkeit, nicht nur ihr Verhalten grundlegend zu ändern, sondern auch in allen Lebensbereichen neue bahnbrechende Technologien aus der Forschung zu realisieren. Während in Teilen der Bevölkerung u. a. durch Bewegungen wie *Fridays for Future* das Bewusstsein für ein umweltfreundlicheres Verhalten bereits stetig wächst, erscheinen die Forschungsanstrengungen nicht nur in Deutschland noch wenig strukturiert und fokussiert.

Dieses Buch soll Mut machen, indem es anhand von ausgewählten Beispielen aus der medizinischen Forschung, die der Autor selbst mitgestaltet hat, aufzeigt, wie relevante Ergebnisse aus der Forschung dazu beitragen können, die Probleme der Welt zu lösen. Es soll uns aber auch wachrütteln und sensibilisieren für die massiven Mängel, die es noch in allen Bereichen der Forschung gibt.

Die Analyse führt uns von den diffusen oder redundanten Zielsetzungen über wenig transparente Abläufe und Kontrollen in der öffentlichen Forschung zu den hinderlichen Machtkonzentrationen der wenigen Superexperten, die die Arbeitsgebiete in allen Aspekten steuern und dominieren.

Die Erfolgskriterien der Forschung werden auf den Ebenen des Forschers, der Teams und der kommerziellen und öffentlichen Organisationen gründlich diskutiert. Dabei zeigen sich erhebliche Optimierungspotenziale in allen Bereichen.

Das Buch macht im zweiten Teil zahlreiche konkrete Vorschläge, wie wir uns in den verschiedenen Bereichen durch eine veränderte Forschungskultur und organisatorische Maßnahmen effizienter aufstellen können, um in Deutschland wieder vermehrt bahnbrechende Innovationen in vernachlässigten Technologien realisieren zu können.

Inhalt

Vorwort

Dieses Buch richtet sich an alle, die forschungsinteressiert sind, entweder weil sie selbst gerne forschen, Forscher werden wollen oder Verantwortung für eine Forschungseinheit tragen bzw. einen forschungspolitischen Auftrag zu erfüllen haben.

Ich habe es nach langem Zögern geschrieben, weil ich nach einem über 40-jährigen begeisterten Forscherleben zu der Überzeugung gekommen bin, dass wir auch ohne wesentliche zusätzliche Forschungsgelder unsere Ergebnisse in Deutschland um ein Vielfaches verbessern können. Das mag erstaunen.

Die Doppeldeutigkeit des Titels gibt auch gleich die beiden wichtigsten Kernbotschaften des Buches wieder: Ohne Forschung, und zwar auf hohem Niveau, werden wir die Welt nicht schnell genug transformieren können, um ein würdiges Leben mit nachhaltigen Perspektiven nicht nur für uns Menschen zu ermöglichen. Die ehrgeizigen und notwendigen sorgfältig ausgewählten Ziele zur Erreichung eines klimaneutralen Zusammenlebens auf dieser Erde mit einer zeitweiligen Erdbevölkerung von bis zu 10 Milliarden Menschen müssen zügig umgesetzt werden. Dazu bedarf es weiterer bahnbrechender Erfindungen und technologischer Durchbrüche.

Die Grundthese dieses Buches lautet, dass die Forschungseffizienz in Deutschland weit unter ihren Möglichkeiten bleibt. Zunehmend fokussieren sich Unternehmen auf inkrementale Verbesserungen bestehender Produkte und Verfahren, statt weiter auf dem Gebiet disruptiver Technologien zu forschen. Aber wer glaubt, Innovation schon durch eine neu gestylte Shampooflasche oder ein schickes Autorücklicht geleistet zu haben, der hat die Herausforderungen der Zukunft nicht verstanden. Es soll aufgezeigt werden, wie wir von den Optimierungen der Nebensächlichkeiten wieder zu den bahnbrechenden Forschungszielen zurückkehren und wie wir das Potenzial der Forschung in diesem Lande weitaus besser zu relevanten Innovationen nutzen können.

Die Gründe für die Defizite bei der Erzielung und wirtschaftlichen Umsetzung von Forschungsergebnissen sind auf allen Ebenen zu suchen: mangelnde Zielsetzungen, Kompetenz und Motivation der Forscher, unzureichende und falsche Strategien in der Forschung und schließlich die fehlerhafte Einbindung von Forschung in suboptimale Organisationen von Unternehmen.

Da ich eigene Erfahrungen fast nur aus der molekularen medizinischen Forschung gewinnen konnte, ist es wenig verwunderlich, dass viele Beispiele aus dem Bereich der Arzneimittelforschung stammen.

Diskussionen mit Forschern aus anderen Bereichen haben mir gezeigt, dass die meisten Erfahrungen auf andere Gebiete der Biowissenschaften oder auch technische Forschungsbereiche übertragbar sind. Dieses Buch analysiert intensiv das Thema Forschung, macht konkrete Verbesserungsvorschläge und endet mit dem unmittelbar nachfolgenden Entscheidungsprozess, in kostspielige Entwicklungen zu investieren.

Ich bitte um Verständnis dafür, dass viele Beispiele nur angedeutet werden können, da sie aus Unternehmen stammen und die Vorgänge dort auch noch nach vielen Jahren der Vertraulichkeit unterliegen. Mir ist bewusst, dass darunter die Überzeugungskraft einiger Argumente leidet, aber das lässt sich leider nicht ändern. Fast alle Beispiele wurden darüber hinaus abstrahiert, um die nötigen Persönlichkeitsrechte Betroffener zu wahren. Letztlich geht es ja darum, dass wir aus den Fehlern dieser Beispiele lernen und das Potenzial einer effizienten Forschung zum Wohle zukünftiger Generationen deutlich besser nutzen.

Hören wir auf damit, unattraktive Technologien weiter zu fördern und bis zum Erbrechen zu optimieren. Wir können uns beim besten Willen nichts darauf einbilden, zu einem wichtigen Schweineproduzenten Chinas geworden zu sein, während die Böden in Deutschland an der Gülle ersticken. Es gibt deutlich Sinnvolleres zu tun. Mit meinen Erfahrungen und Geschichten möchte ich deutlich machen, dass wir in Deutschland mehr können als ausgelaufene und schädliche Technologien stur weiter zu Tode zu optimieren.

Ein weiteres Anliegen, das ich mit dem Buch verbinde, ist etwas von dem Glück zu vermitteln, das die Forschung mir über Jahre gegeben hat. Es gab kaum einen Tag der Langweile und schon gar nicht der Unterforderung. Ich habe es stets als Privileg empfunden, in der Forschung arbeiten zu dürfen, denn durch keine andere Tätigkeit kann man so viel gestalterischen Einfluss auf unsere Zukunft nehmen.
Möge der ein oder andere Leser sich anstecken lassen von der Begeisterung, die ich in meinem Berufsleben durch die Forschung erlebt durfte.

Forschung in der Wahrnehmung unserer Gesellschaft

Der begrenzte Stellenwert der Forschung in unserer Gesellschaft wird mir hin und wieder verdeutlicht, wenn ich in einem typischen Gespräch im Freundeskreis über den Bekanntheitsgrad von Forschern und ihren Entdeckungsgeschichten frage, die in den letzten 30 Jahren zu revolutionären Veränderungen in unserm Alltag beigetragen haben. Wer hat das Internet erfunden oder die LED oder die Digitalkamera? Fast ohne Ausnahme herrscht bei dem Thema großes Schweigen, obwohl wir doch alle täglich von diesen und vielen anderen Innovationen profitieren. Während die neuesten Hits der aktuellen Popstars, Filme und Schauspieler ein beliebtes Gesprächsthema sind, kann man mit dem Thema *Forschung* schnell die Stimmung zerstören. Bei vielen Menschen ist freundliches Desinteresse die häufigste Reaktion.

Die Gründe dafür sind zunächst mal Berührungsängste. Ein Grundinteresse sollte bei allgemein interessierten Menschen ja eigentlich vorhanden sein, aber es kommt gleich die Angst, als unwissend oder gar ungebildet zu gelten. Die eigentliche Neugier wird daher häufig zurückgestellt und man möchte das nicht vertraute Thema schnell vom Tisch haben.

Ich habe diese Situation auch in meiner Familie immer wieder erlebt und muss bekennen, dass ich es selten geschafft habe, meine persönliche Begeisterung zu Forschungsgeschichten auf meine Mitmenschen zu übertragen. Also haben wir gleich einen weiteren Grund für gesellschaftliches Desinteresse an Forschung: Sie wird oft nicht gut, verständlich und spannend erklärt.

Und ja: Forschung, Wissenschaft und Technik sind manchmal kompliziert und das Thema braucht etwas mehr Zeit. Forschungsthemen sind nicht gerade beliebt, denn es kann anstrengend sein, sich einen Sachverhalt zugänglich zu machen.

Das Problem ist von vielen Forschern und Populärwissenschaftlern erkannt und angegangen worden. Sie bereiten die Themen didaktisch auf, vereinfachen, wo erlaubt und vertretbar, und bebildern mit guten Videos. Nichtsdestotrotz haben auch sehr gute wissenschaftliche Fernsehsendungen, wie z. B. *Leschs Kosmos* im ZDF, nur ein relativ kleines Spezialpublikum zu späten Sendezeiten.

Ein Erfolgsbeispiel ist sicher die *Sendung mit der Maus*, die uns Forschern ein Vorbild sein sollte. Die neugierigen Fragerinnen – und Kinder sind hier einfach besser als Erwachsene – kommen mit einfachen schonungslosen Fragen, die es sehr verständlich zu beantworten gilt, was in den meisten Fällen gelingt.

Die Verbreiterung des Themas *Forschung und Technik* in unserer Gesellschaft und der Abbau von Berührungsängsten sowie gezielten Desinformation durch Verschwörungstheoretiker ist von immenser Bedeutung, wenn wir die Akzeptanz der großen Veränderungen erreichen wollen, die zum Überleben der Menschheit zwingend erfolgen müssen. Das ist ein großer Bildungsauftrag für uns alle. Aber wir können das mit Spaß und Unterhaltung erreichen, wie die Kindersendung der ARD uns zeigt. Und das sage ich nicht nur zu meinen Wissenschaftlerkollegen, sondern auch zu mir selbst: Jeder noch so kleine Verdacht auf ein arrogantes Verhalten durch Wissenschaftler und Techniker bei der Kommunikation in die allgemeine Bevölkerung ist kontraproduktiv. Auch die Haltung vieler Wissenschaftler, sich einfach der Diskussion außerhalb der Fachwelt zu versagen, ist inakzeptabel.

Es gibt also eine Bringschuld der Wissenschaftler, damit sich unsere Mitmenschen für diese Themen interessieren und das umsetzen, was uns in die richtige Richtung weiterbringt.

An der nun fast 40 Jahre bestehenden Diskussion zur *Gentechnik* in Deutschland lässt sich beispielhaft lernen, welche Auswirkungen eine nicht sachgerechte Diskussion haben kann. Da ich ein Zeitzeuge mitten im Geschehen war, möchte ich die fatalen Auswirkungen bezüglich der Pharmaforschung hier noch mal kurz zusammenfassen:

Als zu Beginn der 80er-Jahre die Gentechnik in Form der Molekularbiologie ihre Anfänge nahm, wurde diese zunächst nicht ausführlich bezüglich Chancen und Risiken diskutiert, so wie es jede neue Technologie eigentlich verdient. Von Gegnern generell per se als *schlechte Technologie* angeprangert, dauern die Auswirkung dieser Diskussion in einer im Grunde absurden Form bis heute an. Wir finden auf vielen Lebensmittelpackungen auch heute noch die Aufschrift *gentechnikfrei* oder *ohne Gentechnik*. Mit dieser pauschalen Kategorisierung werden wir den sehr unterschiedlichen Möglichkeiten einer inzwischen zentralen Technologie, die bereits erheblich dazu beigetragen hat, neue hochwirksame Arzneimittel zu entwickeln, nicht gerecht. Auch in der Landwirtschaft werden wir gentechnische Arbeitstechniken benötigen, um robustere Nutzpflanzen für extremere Klimazonen und Böden bereitzustellen. Das darf natürlich nicht heißen, dass wir blind gegenüber ethisch nicht vertretbaren Anwendungen der Gentechnik werden und diese nicht auch verbieten sollten.

Während intensiv und konsequent die Gentechnik verteufelt wurde, regte sich nahezu kein Widerstand gegen die konventionellen Methoden der *guten alten* Tierzucht. *Gentechnikfrei* wurden unsere Kühe, Schweine und Puten über Jahrzehnte zu unansehnlichen Hochleistungstieren gemacht, nur damit wir sie heute häufig unter tierquälerischen Haltungsbedingungen noch billiger verzehren können. Wir wären also gut beraten, Technologien nach ihren Anwendungsbeispielen und nicht nach ihrer Neuheit zu beurteilen.

Gehen wir noch mal in die Historie der Gentechnik in Deutschland in das Jahr 1988 zurück. Einige deutsche Unternehmen, z. B. *Höchst, Bayer, Grünenthal, BASF*, hatten sich damals mit ersten gentechnisch-/biotechnologischen Verfahren zur Herstellung neuartiger biologischer Pharmaproteine wie *humanes Insulin, Faktor VIII, Prourokinase* oder *Tumor Nekrose Faktor* beschäftigt. In dieser Zeit gab es neben einer gentechnikfeindlichen Stimmung leider auch keine adäquate nachvollziehbare rechtliche Rahmensituation für gentechnische Verfahren. Für die Produktion des *Tumor Nekrose Faktors* (TNF) bei der *BASF* brauchten wir eine Genehmigung nach dem Bundesimmissionsschutzgesetz, das eigentlich für Großanlagen wie Atomkraftwerke konzipiert war. Der Aufwand war riesig und unverhältnismäßig. In Abwesenheit eines risikobezogenen Gentechnikgesetzes also, das erst 1990 verabschiedet wurde, gaben alle genannten Firmen diese Verfahren auf und die drei *IG-Farben*-Nachfolger entschieden sich deshalb strategisch fast zeitgleich dafür, moderne biotechnologische Forschung zunächst mal in die USA zu verlagern, wo die Gentechnik für Pharmaanwendungen breit akzeptiert war.

Die Konsequenzen dieser Entscheidungen waren gewaltig für die deutsche biotechnologische Forschung und wirken bis heute nach. In den USA bauten fast alle großen Konzerne innerhalb weniger Jahre nicht nur Pilotanlagen, sondern schufen fast irreversible Verhältnisse auch durch den Bau moderner biotechnologischer Pharmaforschung. Man kann durchaus davon ausgehen, dass dadurch auch die Entscheidungen zur Zerschlagung von *Höchst Pharma* und der Verkauf von *BASF Pharma* im Jahre 2000 erleichtert wurden. Der Ausstieg dieser beiden Konzerne bzw. die deutliche Verkleinerung der Pharmaforschung bei *Bayer* in Wuppertal bedingte in der Folge natürlich auch fehlende Auftrags- und Folgeforschung bei kleineren Biotechunternehmen. Die deutsche Biotech-Szene im

Bereich *Pharma* könnte heute deutlich größer sein. Vor allem fehlen Deutschland interessante Arbeitsplätze, die im Bereich biotechnologischer Forschung angesiedelt wären.

Eine grundsätzliche Verbannung von Technologien in einer dynamischen Gesellschaft, die auch in Zukunft hohe Standards an die Lebensqualität, Nachhaltigkeit und Umwelt stellen wird, ist also nicht zielführend und sachgerecht. Im Gegenteil, nur wenn wir weitere *Beschleuniger* in Form von technischen Optionen identifizieren, werden wir unsere großen gesellschaftlichen Ziele erreichen. So wird die Verzögerung der Klimaveränderung durch CO_2-Reduktion neben unseren Verhaltensänderungen auch technische Unterstützung z. B. durch Umbau unserer Landwirtschaft und Verkehrssysteme benötigen.

Grund genug, die noch nicht realisierten Potenziale unserer Forschung genauer zu analysieren.

Die großen Forschungsziele

Eine demokratische Gesellschaft hat das Recht und die Pflicht zu benennen, in welchen Bereichen sie welche Fortschritte erwartet. Die gewählten Parteien sollten dies in größerer Klarheit als bisher in ihrem Parteiprogramm benennen und daraus ihr beabsichtigtes Forschungsprogramm ableiten. Dieser allererste Schritt hin zu einer demokratischen Zielvereinbarung für das Engagement in der Forschung als Teil der Regierungsbildung ist fundamental und damit die Basis für einen breiten notwendigen Konsens in der Forschungspolitik.

Aus der Proportionierung der großen Ziele erwächst eine nachgeschaltete Strategie der Forschungsförderung, indem diese über die einzelnen Themen heruntergebrochen wird. So kommt man schließlich zu einem ausreichend detaillierten Forschungsplan, der am Ende alle Wunschthemen wohlproportioniert enthalten sollte. Danach scheint es nun trivial zu sein, über die Sinnhaftigkeit eines dieser Forschungsziele zu sprechen. In der Praxis werden allerdings Forschungsziele häufig nicht klar definiert. Dies gilt sowohl für ganze Forschungseinheiten als auch für Teams und den einzelnen Forscher. Recht einfach und klar sind die Ziele zu benennen, sofern es sich um die Identifizierung oder Verbesserung neuer Technologien handelt. Solche Ziele sind meist plausibel, gut begründbar und bezüglich Wert und Realisierungschancen gut einschätzbar. Ein klassisches Beispiel aus den Biowissenschaften sind die Entwicklungen von Methoden zur DNA-Sequenzierung. Über mehr als 20 Jahre wurden diese Techniken mit großem Erfolg verbessert und führten in erstaunlich kurzer Zeit u. a. zur Sequenzierung des menschlichen Genoms. Ehrgeizige aber erreichbare übergeordnete Ziele halfen bei einer effizienten Arbeitsteilung zwischen verschiedenen Forschergruppen, die auch in nachvollziehbare Einzelziele der Beteiligten aufgeteilt werden konnte. Eine solche transparente Situation motiviert die Gruppe und den einzelnen Forscher. Letztlich wurden dadurch sogar einige Ziele schneller als geplant erreicht.

Andererseits werden regelmäßig große Summen Forschungsgelder sinnlos für schlecht definierte Forschungsfelder ausgegeben. Das funktioniert leider besonders gut mit den gerade gängigen Modethemen in der Forschung. Man will nicht außen vor sein, wenn vermeintliche neue revolutionäre Durchbrüche in der Forschung anstehen. So werden derzeit z. B. unter den Schlagwörtern *Big Data* und *Künstliche Intelligenz* sehr schnell neue überdimensionierte Forschungseinheiten in allen großen Firmen und Forschungsinstitutionen etabliert, ohne dass diese Forschergruppen klare Ziele vorgegeben bekommen. Der Schaden ist dann besonders groß, wenn die Ressourcen von Erfolg versprechenden anderen Forschungsprojekten abgezogen werden.

Dieses Phänomen ist jedoch nicht nur auf große Aktiengesellschaften beschränkt, wo der Vorstand den Aktionären natürlich mitteilen will, dass man bei den großen Schlagwortthemen mit dabei ist und das Potenzial der neuen Technologien voll erkannt hat. Auch bei fast allen großen staatlichen und europäischen Institutionen lassen sich mit Forschungsanträgen, die auf die gerade modernen Themen abgestimmt sind, beträchtliche Fördermittel locker machen. Das soll jedoch nicht heißen, dass jedes Unternehmen und jede Forschungsinstitution nicht jederzeit hellwach sein muss, um sicherzustellen, dass neue Technologien gesichtet und bedarfsgerecht implementiert werden. Entscheidend ist, dass ein eigenes individuelles Konzept vorangeht und dann geprüft wird, wie neue technologische Möglichkeiten die Realisierungschancen der eigenen Forschungsziele erhöhen können. Hektisches unreflektiertes Aufspringen auf Modetrends ist kontraproduktiv und kann gewachsene, wettbewerbsfähige und proprietäre Forschungsfelder gefährden.

Halten wir fest, dass die Forschungsziele eines Unternehmens oder einer Organisation sorgfältig erarbeitet werden müssen. Sie sollen klar, ehrgeizig und realistisch sein sowie eine gewisse Kontinuität bei überprüfbaren Fortschritten im Wettbewerb aufweisen. Dies gilt auch für jeden einzelnen Forscher, der für sich sein Forschungsziel jederzeit klar benennen und verteidigen können muss. Mehr noch: Jeder Forscher sollte die Präzision seiner Forschungsziele und die des Teams aktiv einfordern, wenn er den Eindruck hat, dass es für ihn nicht klar genug ist. Denn am Ende sind Ressourcen, die für ein schlecht definiertes Forschungsziel aufgewendet wurden, eine nicht zu rechtfertigende Verschwendung und natürlich die größte Quelle für Frustration bei allen Forschern. So sehr wir in späteren Kapiteln den nötigen Freiraum bei der Lösung von Forschungsproblemen betonen werden, gilt es zunächst jedoch, das Forschungsziel jederzeit präzise, ethisch korrekt und transparent im Team parat zu haben. Außerdem ist sicherzustellen, dass die Ziele in der Organisation synchronisiert sind und sich nicht widersprechen. Nur so sind die Voraussetzungen für ein effizientes und erfolgreiches Forschen mit Motivation und Spaß gegeben.

Forschung ist kompliziert, schwierig und voller Höhen und Tiefen

Was die Forschung im Gegensatz zu den Verschwörungstheorien nicht bieten kann, sind einfache und finale *Wahrheiten*. Es ist ein verständlicher Wunsch des Menschen, alles und jedes sofort und perfekt erklären zu können, damit man am Stammtisch endgültige Klarheit schaffen und diese möglichst noch mit einem Faustschlag auf dem Tisch bekräftigen kann. Die Welt ist dann erklärt und man muss nicht mehr weiter angestrengt nachdenken. In der realen Forschung entstehen jedoch mit jedem neuen Ergebnis neue Fragen, die es zu lösen gilt. Das gefällt vielen Menschen nicht, da dieses *ewig Unfertige* gefühlt keine Ruhe ins Leben bringt.

So ist die Forschung z. B. in den Biowissenschaften wie auch in anderen Hightech-Arbeitsgebieten äußerst komplex und maximal herausfordernd. Wer dazu neigt, alles verstehen zu wollen, bevor er sich einem Forschungskonzept verschreibt, wird Schwierigkeiten haben, in der Forschung glücklich zu werden. Der Normalfall ist, dass wir mit der Komplexität von biologischen und technischen Systemen im Detail eher überfordert sind und nur durch Aufstellung geeigneter vereinfachter Hypothesen zu praktikablen Forschungsansätzen kommen.

Wie können nun Forscher mit dieser Situation umgehen? Die Kunst besteht darin, diese Arbeitshypothesen so zu formulieren, dass sie mit noch vertretbaren Ressourcen von Mitarbeitern, Geld und Zeit entweder verifizierbar oder falsifizierbar sind. Dazu ist natürlich Fachkenntnis eine unabdingbare Voraussetzung, aber längst nicht hinreichend.

Am Beispiel der Suche nach neuen Wirkstoffen und Therapien zur Behandlung und Prävention der Alzheimerschen Erkrankung (AD) möchte ich die Komplexität der Forschung näher erörtern und greifbarer machen.

Die von Alois Alzheimer bereits Anfang des letzten Jahrhunderts entdeckte und nach ihm benannte allgemein bekannte Demenzerkrankung ist eine der großen Herausforderungen unserer Zeit. Mehr als jede körperliche Erkrankung bedeutet der Verlust des Gedächtnisses und der Identität eine fundamentale Beeinträchtigung der Würde des Menschen und seiner Angehörigen. Die bereits von Alzheimer beschriebenen Proteinablagerungen, die sogenannten *Plaques*, wurden im Jahre 1984 von Colin Masters und Konrad Beyreuther mit ihren Forschungsteams aufgeklärt. Als Hauptbestandteil dieser Ablagerungen wurde ein sehr unlösliches 42 Aminosäuren enthaltendes Eiweiß identifiziert, das später Beta-Amyloid-Protein genannt wurde. Diese Entdeckung war der Anfang einer sehr intensiven und bis heute anhaltenden Forschung um dieses Molekül, das in den letzten 30 Jahren etwa 180.000 (!) Publikationen von mehr als 50.000 Forschern weltweit aus Industrie und akademischen Forschungsinstituten generiert hat. Gemessen an der Zahl der Publikationen ist der Kenntnisstand immer noch dürftig. So ist z. B. die physiologische Funktion des Beta-Amyloids bis heute nicht gut untersucht und daher auch im Detail nicht verstanden.

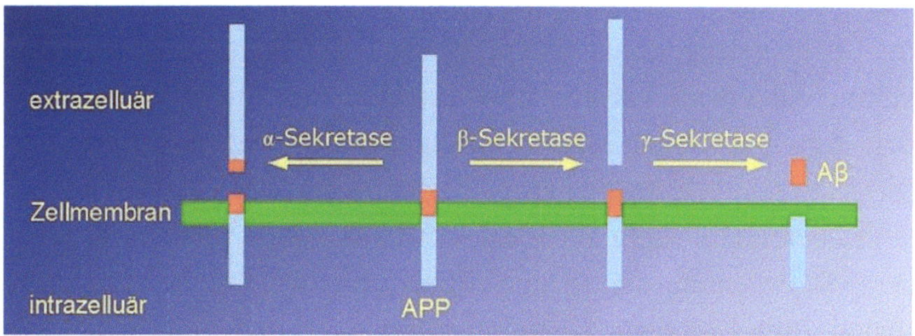

Abb. 1: Die Biosynthese des Beta-Amyloid- Proteins aus dem Vorläuferprotein APP[1)]

Bereits kurze Zeit nach der Entdeckung der Proteinablagerungen in Gehirnen von verstorbenen Alzheimer-Patienten führten die methodischen Fortschritte in der Molekularbiologie zur Aufklärung der Biosynthese. Man lernte, dass das kurze Protein aus einem Vorläuferprotein, dem sogenannten *Amyloid-Vorläufer-Protein* (APP)- durch sukzessive Spaltung der Enzyme *Gamma-* und *Beta-Sekretase* zunächst in löslicher Form freigesetzt wird und es im Verlaufe der Krankheit irgendwann zu diesen Ablagerungen kommt, die dem Pathologen erst nach dem Tod des Patienten eine sichere Diagnose der Krankheit erlauben. Der Vollständigkeit halber sei hier erwähnt, dass für die Erkrankung auch charakteristische neuronale Ablagerungen eines zweiten Proteins, des Tau-Proteins charakteristisch sind.

Die Geschichte bis hierher erscheint für die Pharmaforschung äußerst attraktiv: Es gibt einen *bösen Buben*, dieses unlösliche Protein, das man nun in verschiedener Weise bekämpfen kann.

Ende der 90er-Jahre war man dann technisch in der Lage, diese Beta-Amyloid-Ablagerungen in genveränderten Mäusen, die das Beta-Amyloid-Vorläuferprotein in großer Menge überproduzierten, in etwa nachzustellen. Damit war die Möglichkeit geschaffen, im Tierversuch eine Beta-Amyloid-Plaque auflösende Therapie zu versuchen, was auch überraschenderweise 1999 erstmals gezeigt werden konnte. Es gelang, durch eine periphere aktive Immunisierung dieser Mäuse mit einem künstlich hergestellten undefiniert aggregierten Beta-Amyloid-Protein eine Auflösung dieser Plaques zu erzielen.

Dieses Ergebnis löste eine große Euphorie im Arbeitsgebiet aus und führte bereits im Jahre 2001 zu einem klinischen Versuch, bei dem ca. 300 Patienten, die an der Alzheimerschen Erkrankung litten, analog zum Tierversuch geimpft wurden. Diese Studie wurde als die sogenannte *AN-1792-Studie* bekannt. Mithilfe der Positronen-Emissionsspektroskopie (PET) und eines sogenannten *PET-*

Liganden konnte man feststellen, dass bei vielen Patienten in der Tat die Ablagerungen aufgelöst wurden, was auch Jahre später posthum durch Untersuchungen der Gehirne bestätigt wurde.

Leider führte diese Studie aber nicht zu signifikanten Verbesserungen bei den Patienten. Es wurden weder kognitive Verbesserungen erzielt, noch verringerte sich der Pflegebedarf. Außerdem trat bei ca. sechs Prozent der Menschen Meningoencephalitis als schwere Nebenwirkung auf, die in einigen Fällen auch tödlich endete.

Angesichts der Schwere des Schicksals der Alzheimerschen Erkrankung war nach den Ergebnissen der Tierversuche ein solcher Versuch am Menschen sicher zum damaligen Zeitpunkt zu rechtfertigen. Es war für alle Beteiligten, insbesondere auch der Angehörigen, eine große Enttäuschung, dass sich durch die Auflösung der Plaque-Ablagerungen, die Alois Alzheimer als charakteristisch für die Erkrankung gefunden hatte, keine klinische Verbesserung für den Patienten erreichen ließ.

Soweit war die Forschung bis 2001 nachvollziehbar. Man hatte eine plausible Hypothese: Die Amyloid-Plaques verursachen die Alzheimersche Erkrankung. Durch die technischen Möglichkeiten im Tierversuch war eine direkte klinische Studie möglich geworden und sie wurde mit einem klaren Ergebnis durchgeführt: Die Auflösung der Plaques im Gehirn der AD-Patienten führt zu keinem therapeutischen Erfolg, woraus der Schluss erlaubt ist, dass die Plaque-Ablagerungen nicht ursächlich für die Erkrankung sind.

Es ist in der modernen Arzneimittelwirkstoffforschung nicht ungewöhnlich, dass sehr viele Substanzen oder Therapieansätze nicht wirken. Bemerkenswert an diesem Beispiel ist vielmehr, dass in den nächsten ca. 15 Folgejahren nahezu alle Top-Experten des großen Therapiegebietes sich hartnäckig weigerten, die Arbeitshypothese aufgrund der klaren negativen klinischen Ergebnisse grundlegend zu überarbeiten.

Wir werden dieses Beispiel im nächsten Kapitel des Buches weiter ausführen, um auch folgenschwere Irrationalität in der Forschung intensiver kennenzulernen.

Das ABC der Forschung

Die Macht der Meinungsmacher

Für den engagierten und effizienten Forscher ist es sehr schwer, nicht mit klaren Zielen und Arbeitshypothesen arbeiten zu können. Man muss sich vorstellen, dass qualitativ gute Forschung an sich schwierig genug ist und die volle Kreativität und das Engagement des Forschers und die Unterstützung seines Umfeldes erfordert. Es ist also fatal, wenn die Arbeitshypothese aufgrund klarer Ergebnisse nicht mehr zu halten ist.

So ging es mir und meiner Arbeitsgruppe, als wir 2002 in dieses Arbeitsgebiet einstiegen. Die gängige Lehrmeinung zur Rolle des Beta-Amyloid-Proteins war trotz bereits klinisch devalidierter Grundhypothese immer noch, dass man zum einen Plaques auflösen sollte und zum anderen die Menge des produzierten Beta-Amyloid-Proteins drastisch, also um mindestens 50–80 Prozent senken sollte. Uns erschien auch die zweite Teilhypothese wenig sinnvoll, da jeder gesunde Mensch dieses Amyloid-Protein in großen Mengen alle acht Stunden neu produziert und dieses Protein folgerichtig kein pathophysiologisches Problem darstellt, solange es nicht, wie bei einer kleineren Gruppe der familiären Alzheimererkrankten, überproduziert wird.

Wir formulierten auf Basis dieser Erkenntnisse daher die Arbeitshypothese, dass die Alzheimersche Erkrankung auf einer *frühen Deregulation des Metabolismus des Beta-Amyloid-Proteins zurückzuführen sein musste*. Es muss letztlich angenommen werden, dass die Faltungskontrolle des frisch produzierten Beta-Monomer-Proteins vom Neuron nicht mehr bewerkstelligt werden kann und sich in der frühen pathologischen Phase falsch gefaltete Beta-

Amyloid-Moleküle, sogenannte *lösliche Oligomere* bilden. Diese bilden schon sehr viel früher als die Plaques die molekulare Ursache, weit bevor die Erkrankung ausbricht.

Damit war auch die therapeutische Aufgabenstellung klar definiert: Es ging weder darum, spätere Plaque-Ablagerungen aufzulösen, noch die Generierung des Beta-Amyloid-Proteins zu reduzieren. Es gab schon einige Daten für eine essenzielle physiologische Funktion dieses Protein im Kontext der synaptischen Aktivität der Neuronen.

Wir brauchten also eine Therapie, die sehr genau und sehr früh ausschließlich die fehlgefalteten Beta-Amyloid-Moleküle aus dem Stoffwechsel des Neurons entfernt ohne einen Effekt auf das Beta-Amyloid-Monomere oder die Plaques auszuüben. Dass Vakzinierungen zur Therapie von Erkrankungen des Gehirns technisch erfolgreich sein konnten, hatten die ersten klinischen Versuche in der AN-1792-Studie gezeigt. Idealerweise strebten wir ebenfalls eine aktive Immunisierung an, d. h. periphere Injektion eines Antigens, das zur permanenten Bildung von endogenen Antikörpern mit der gewünschten Spezifität für die neurotoxischen Beta-Amyloid-Oligomeren führt.

Die Zielsetzung und die dahinter stehende Hypothese waren, das Beta-Amyloid-Monomer als essenzielles physiologisches Molekül zu sehen und die relevante neurotoxische Molekülspezies erst in den strukturell früh fehlgefalteten Beta-Amyloid-Aggregaten zu betrachten. Die strukturell völlig unterschiedlichen späteren Amyloid-Fibrillen in den von Alois Alzheimer entdeckten Plaques waren für uns maximal *späte Pathologie* und daher primär irrelevante Depots, die man als finale Ablagerungen in ihrer Struktur nicht antasten sollte, um durch ihre Auflösung keine unerwünschten Nebenwirkungen zu erzeugen. Diese klinischen Nebenwirkungen bestehen in Schwindelgefühlen, die bei den Patienten durch das Auflösen der Plaques herrühren.

Um es vorwegzunehmen: Wir haben zu unserer Hypothese durch ein trickreiches Design Antigene identifiziert, die sowohl durch externe Immunisierung zu entsprechenden isolierten Antikörpern[2] führt als auch in Tierexperimenten eine direkte aktive Immunisierung[3] ermöglicht.

Warum hatten wir nun Akzeptanzprobleme mit unserem deutlich anderen Konzept, das die klaren negativen Befunde der ersten klinischen Studie mit einbezog? Wie sah das Umfeld aus? Nun, zahlreiche andere Wettbewerber beschäftigten sich nur mit Beta-Amyloid-Isotyp-unspezifischen Immunotherapien, d. h. erzielten nur unwesentliche Verbesserungen gegenüber der unwirksamen Studie AN-1792. Der Erwartungsdruck seitens Patienten, der staatlichen Gesundheitswesen, der Unternehmen und der Investoren waren hoch.

Die Mehrheit der relevanten Meinungsmacher in dem Arbeitsgebiet rückten nicht von ihrer Ausgangshypothese ab, die die Amyloid-Plaque-Ablagerungen und die Hemmung der Biosynthese des Beta-Amyloid-Proteins zum Ziel der Therapie hatte.

Wer sind nun diese Meinungsmacher, die in der Praxis große und wirtschaftlich bedeutsame Arbeitsgebiete steuern? *Meinungsmacher* oder, wie es in der englischsprachigen wissenschaftlichen Welt heißt, *Key Opinion Leaders* sind die führenden Persönlichkeiten, die auf breiter Front den Ton für ein bestimmtes Arbeitsgebiet angeben. Der innere Kreis der vermeintlich besten Wissenschaftler besteht aus maximal 20 Personen, meist Hochschulprofessoren aus den USA, seltener aus anderen westlichen Ländern, die nicht nur die wichtigsten Konferenzen und Fachjournale unter ihrer Kontrolle haben, sondern auch nahezu alle großen Pharma- und Biotech-Unternehmen beraten. Dies ist nicht innovationsförderlich, da alle Plenarvorträge auf den wichtigsten Konferenzen, Übersichtsartikel in Top-Journalen und die Besetzung von entscheidenden Gremien in staatlichen Förderprogrammen direkt oder indirekt von immer derselben sehr kleinen Gruppe von Wissenschaftlern in ihrer konzertierten Meinung dominiert wird. Letztlich sind auch die wichtigsten Entscheidungsträger in Pharma- oder Biotech-Unternehmen, also die Leiter der Forschung und weitere hohe Entscheidungsträger, faktisch nicht in der Lage, gegen den Rat der Super-Experten zu entscheiden. Auch Investmentfonds und Venture-Capital-Gesellschaften sowie Börsenexperten greifen auf diesen Beraterkreis zurück. Das führt leider dazu, dass die Forschungsprojekte sich sehr gleichen.

Der Personenkult um die *besten Forscher* ist für alle anderen Beteiligten schädlich. Der forscherische Wettbewerb um die besten Konzepte und Ideen findet nicht mehr in ausreichender Breite statt. Junge Forscher, die ihre Karriere in den Vordergrund stellen, richten ihre Konzepte an den Vorgaben der Meinungsmacher aus, statt diese zu hinterfragen und grundsätzlich neuen Ideen nachzugehen.

Am Beispiel der Beta-Amyloid-Forschung illustriert, wurden über weitere 15 Jahre bis heute die alten Konzepte aus den 90er-Jahren stur in allen großen Pharmafirmen weiterverfolgt. Sogar im Jahre 2020, wo nun ausschließlich negative klinische Daten zu den Gamma- und Beta-Sekretaseinhibitoren vorliegen, gibt es immer noch wenig Bereitschaft, die Hypothesen zu revidieren. Schlimmer noch, viele dieser Meinungsmacher vertreten nun die Meinung, dass Beta-Amyloid das *falsche Zielmolekül* zur Behandlung der Alzheimerschen Erkrankung sei. Der Kapitalmarkt und die Presse räsonierten diese Meinungen gerne und brachen bereits endgültig den Stab über diese extrem wichtige Forschung. Die Wissenschaft verlässt dieses Teilgebiet, ohne die Krankheitshypothese überhaupt richtig aufgestellt, geschweige denn eine optimale präventive oder therapeutische Lösung realisiert zu haben. Aus Sicht der Laien und der Tagespresse eine durchaus verständliche Reaktion, wenn man feststellen muss, dass mehr als zehn verschiedene Substanzen, sowohl Antikörper als auch niedermolkulare Substanzen, nicht wirkten oder, wie bei den Sekretaseinhibitoren, sogar kognitive Nebenwirkungen aufwiesen.

Forschungskultur

Dem Thema *Meinungsführer* im letzten Kapitel haben wir so viel Aufmerksamkeit gewidmet, weil es die zwei zentralen Erfolgsfaktoren in der Forschung negativ berührt. Dies sind *Freiraum des Einzelnen* und *Spaß am Forschen.*
Zunächst einmal gilt wie überall im Arbeitsleben, dass das Umfeld für den Erfolg stimmig sein muss. Ein gutes Verhältnis zu Kollegen, Mitarbeitern und Vorgesetzten ist unabdingbare Voraussetzung dafür, dass man sich wohlfühlt. In der Forschung gilt das im besonderen Maße. Sind die übergeordneten Forschungsziele einmal vereinbart, ist dafür zu sorgen, dass die Mitarbeiter sich frei fühlen bei den Lösungsansätzen und diese vor sich selbst und den Teamkollegen argumentieren dürfen. Wir brauchen täglich offene und intensive Diskussionen über die aktuellen negativen und positiven Forschungsergebnisse im Kernteam. Jeder muss sein volles Selbstbewusstsein entwickeln können und wissen, dass seine eigene Kreativität maximal sein sollte. Es gilt aber auch, dass gut funktionierende Teams am Ende produktiver sind als eine Gruppe von Alleinforschern. Im Kernteam muss vollstes Vertrauen herrschen, hier darf man auch mal etwas Vorläufiges oder einen verrückten neuen Gedanken äußern, der dann gewissermaßen einen Pingpongeffekt auslöst und von der Gruppe weitergetragen wird. Solche Verhaltensweisen inspirieren zu einem Denken über den Tellerrand hinaus,

sodass überdurchschnittliche Lösungen zustande kommen. Wichtig ist in diesem Zusammenhang auch, dass klare negative Resultate genauso gewürdigt werden und nicht etwa unter den Tisch fallen.

Ein großer Freiraum ist also die Voraussetzung, um wirkliche Durchbrüche in der Forschung zu erzielen. Ein vorbildlicher Forschungsleiter hat mir den Zusammenhang mal wie folgt in einer Allegorie veranschaulicht: Ein Jäger kann seinen Jagdhund an der kurzen Leine halten. Das stellt optimale Kontrolle sicher, man kann aber auch keine außergewöhnliche Beute erwarten. Gibt der Jäger dem Hund Freilauf, geht er ein größeres Risiko ein, dass der Hund nicht wiederkehrt, aber er hat auch die Chance auf eine fette Beute. – Will man in der komplexen Forschung wirklich relevante Durchbrüche erzielen, gilt es die Freilaufvariante zu wählen, wo immer möglich und nötig. Das gilt auch dann, wenn Forschungsteams ihre Ergebnisse in internen Entscheidungsgremien präsentieren. In einer gesunden Forschungsorganisation sollte zunächst in positiver und konstruktiver Weise auf das Konzept, die Logik und die Ergebnisse eingegangen werden. Die Mitarbeiter müssen das Gefühl haben, dass die Vorgesetzten gemeinsam mit den Mitarbeitern die besten Lösungen suchen. Die beste Anerkennung für den Forscher ist, wenn man sich intensiv mit seinem Forschungsansatz und seinen Ergebnissen auseinandersetzt. Perfekt vorgetragene Hochglanzpräsentationen mit inhaltlichen Schwächen helfen nur den Karrieristen und zersetzen die Kultur und Qualität in der Forschung sehr schnell und nachhaltig. Letztlich muss für jeden Verantwortlichen und Mitarbeitern in solchen Diskussionen das Bemühen stehen, die besten Ideen und Konzepte weiter voranzubringen. Eine faire wissenschaftliche Auseinandersetzung bedarf keines Personenkults und erlaubt keine Verlierer.

Was macht einen guten Forscher aus?

Als meine Tochter sich für ein Highschool-Jahr in den USA entschieden hatte, gab es seitens der veranstaltenden Organisation vor der Abreise eine Vorbesprechung, in der wir Eltern über Ablauf und Besonderheiten der Highschool-Zeit in den USA belehrt wurden. Die Leiterin des Unternehmens wies insbesondere darauf hin, dass die deutschen Schülerinnen meist dadurch auffielen, dass sie gerne die Warum-Frage stellten: *Warum soll ich das lernen?* Das war meines Erachtens ein ungewollt großes Lob für das deutsche Bildungssystem. In der Tat gibt es für einen guten Forscher keine wichtigeren Anfangsfragen als die Warum-Fragen. Es ist äußerst hilfreich, zunächst einmal alles infrage zu stellen, bevor man sich voreilig mit mittelmäßigen Forschungszielen und Maßnahmen zufriedengibt. Wenn man also als eine grundsätzliche Infragestellung auch sich selbst gegenüber als Herangehensweise mitbringt, ist man richtig aufgestellt, um die weiteren richtigen Fragen zu stellen, die dann zu den hoffentlich richtigen Antworten führen.

Wir wollen hier über das Persönlichkeitsprofil von Forschern im engeren Sinne sprechen. Die Forschung sei hier eng definiert und abzugrenzen von der Entwicklung, obwohl in fast allen größeren Unternehmen diese Bereiche auch organisatorisch zusammengefasst sind.
Der Entwicklungsbereich in größeren Organisationen arbeitet nach genau definierten Zielvorgaben strikt auf die Marktreife bestimmter Produkte hin. Mitarbeiter in diesem Bereich müssen sehr strukturiert und fokussiert arbeiten. Die vorgegebenen Projektpläne sind auch zeitlich eng aufgestellt. Hier ist es oft wenig sinnvoll, mehrere Lösungsansätze parallel oder auch nacheinander abzuarbeiten. Die Wege zum Ziel sind eng und streng einzuhalten.

In der komplexen Forschung sind die Wege und Lösungsansätze zu den häufig sehr ambitionierten und auch zeitlich weitreichenderen Zielen dagegen oft diffus. Nehmen wir als Beispiel ein forschendes Pharmaunternehmen, das keine konkreteren Vorgaben macht, als neue hochwirksame Therapien für bisher unbehandelbare Krankheiten des zentralen Nervensystems (ZNS) entdecken und entwickeln zu wollen. Ein solch breit gefasstes Gesamtziel eröffnet ungeahnte Chancen für ambitionierte Forscher, die sich gerne wirklich wichtigen Zielen verschreiben.

Welche Eigenschaften sollte ein Forscher mitbringen, der beispielsweise bahnbrechende neue Arzneimittelwirkstoffe entdecken will? Natürlich braucht man zunächst einmal eine gründliche naturwissenschaftliche Ausbildung, üblicherweise in den Fächern Chemie oder Biologie. Aber auch Pharmazeuten, Mediziner und Veterinärmediziner haben grundsätzlich die Voraussetzung, erfolgreich in einem komplexen Arbeitsgebiet zu forschen. Die Chemiker der Wirkstoffforschung haben während ihres Studiums der organischen Chemie meist nur gelernt, wie man neue Substanzen herstellt, weniger, was man eigentlich nach den Regeln der Pharmakokinetik und dynamik synthetisieren sollte. Diese Fachdisziplin nennt man *Medizinische Chemie*. Sie stellt ein schwieriges Arbeitsgebiet dar, das es über mehrere Jahre zu erlernen gilt.
Auf den fachlichen Mix von Naturwissenschaftlern soll im Zusammenhang der Interdisziplinarität noch mal näher eingegangen werden.

Das Fachwissen ist allerdings nur eine Voraussetzung, ein erfolgreicher Forscher in der angewandten Forschung zu sein. Folgende Charaktereigenschaften sind darüber hinaus unabdingbar:

Unbändige Neugier

Ein Forscher kann nur dann genügend Kraft aufbringen, wenn er ständig gute und neue Fragen stellt, um Hypothesen zu modifizieren und Strategien und Methoden flexibel adaptieren zu können.

Begeisterungsfähigkeit

Die kindliche Freude, z. B. über ein gutes Forschungsergebnis, ist ein guter Indikator für die Begeisterungsfähigkeit des Forschers. Diese Eigenschaft ist der vielleicht größte Treiber des Forschers und kann bereits im ersten Bewerbungsgespräch leicht festgestellt werden. Ein Kollege hat mal gesagt, er möchte das *Leuchten in den Augen* sehen, wenn über Forschung gesprochen wird.

Frustrationstoleranz

In der komplexen anwendungsorientierten Forschung muss man oft sehr viele Irrwege beschreiten, bevor man erfolgreich ist. Fehlschläge sind an der Tagesordnung. Man muss bereit sein, auch gute Experimente mit unerwünschten Resultaten sorgfältig auszuwerten und daraus gegebenenfalls wichtige Schlüsse für die Revidierung seiner Hypothese zu ziehen.

Pragmatismus

Wer erfolgreich in schwierigen Arbeitsgebieten forschen will, muss ein realistisches Bild über seine Rahmenbedingungen entwickeln. Man kann nicht den Anspruch erheben, jedes Detail verstehen zu wollen, bevor man ein Konzept entwickelt oder mit den experimentellen Arbeiten beginnt. Dies ist oft ein Problem für hochintelligente Menschen, die sich nicht gerne zu pragmatischen Hypothesen und Strategien durchringen. Leider gibt es in komplexen Systemen keinen vollständigen und linearen Erkenntnisgewinn, sodass man nur durch vertretbare Vereinfachungen zu machbaren Forschungskonzepten gelangt.

Offenheit

Selbstkritik und Offenheit für die Ideen anderer sind Voraussetzung für flexible und kreative Handlungsweisen.

Kampfgeist

Die anwendungsorientierte Forschung ist in den meisten Fällen ein sehr intensives Unterfangen, das sich aus wenigen guten Ideen speist, die aber dann in weiten Strecken mühsam und oft durch harte Arbeit in die Praxis umgesetzt werden müssen. Da gibt es auch schwierige Etappen und Rückschläge. Während dieser Phasen braucht man reichlich Disziplin und Kampfgeist.

Konstruktive Faulheit in Maßen

Keinesfalls im Gegensatz dazu steht die Sehnsucht nach Vereinfachung und Verbesserung, ja letztlich der kreativen Müßigkeit. Das permanente Nachdenken darüber, ob man *das nicht einfacher machen kann,* ist ein hervorragender Treiber für Verbesserungen. Permanenter Fleiß alleine macht keinen erfolgreichen Forscher aus.

Selbstbewusstsein

Im Wettbewerb forschen heißt auch, immer wieder berechtigter und unberechtigter Kritik ausgesetzt zu sein. Man braucht eine gewisse Robustheit und Stehvermögen, um nicht zum Spielball der Interessen zu werden. In bestimmten Phasen braucht man auch manchmal Sturheit, um gegen Widerstände bestimmte unkonventionelle Wege bis zum Erfolg zu gehen.

Teamwilligkeit und Teamfähigkeit

Es ist kein Widerspruch, wenn zum Idealprofil des Forschers neben Individualität und Sturheit auch das stetige Arbeiten im Team gehört. Große Forschungsaufgaben sind heutzutage von niemandem

alleine zu bewältigen. Das Team muss der Dreh- und Angelpunkt
für alle Konzepte, Ergebnisse und Diskussionen sein. Die ständige
Resonanz in einem gut funktionierenden Team erzeugt eine kreati-
ve Arbeitsatmosphäre, die den Nährboden des Erfolges darstellt.
Die Gruppe sollte immer besser als die Summe ihrer einzelnen
Mitglieder sein. Das stimmt aber nur, wenn jeder bereit ist, alle
Ideen zur Forschung der Kollegen als auch der eigenen bedin-
gungslos zu teilen.

Persönlichkeit, Individualität

Damit ist gemeint, dass man sehr verschiedene Charaktere zulässt
und möglichst auch in der Forschungsgruppe repräsentiert. Diversität der Charaktere erzeugt bei gegebenen Spielregeln ein maxima-
les positives Spannungsfeld, das zu intensiven und grundlegenden
wissenschaftlichen Diskussionen führt. Diese erzeugen mit hoher
Wahrscheinlichkeit Kreativität und somit auch Qualität. Voraussetzung ist, dass man diese unterschiedlichen Charaktere auch rekru-
tiert und ihnen Platz im Team einräumt.

Talent oder der richtige Riecher

Es gibt sie wohl tatsächlich: die Forscher, die instinktiv die richtigen Wege gehen. Als ob sie es ahnen, planen und exekutieren sie
die richtigen Schlüsselexperimente eher als andere. Es ist mehr als
Glück, wenn man sieht, dass einige Forscher über Jahre hinaus einfach effizienter forschen, erfolgreicher sind, weil sie über einen
langen Zeitraum nicht so häufig in die falsche Richtung laufen oder
falsche Hypothesen schneller als Irrwege erkennen. Bei einem
Künstler würde man von *Intuition* sprechen. Naturwissenschaftler
mögen diesen Begriff nicht und doch entspricht es meiner Beob-
achtung, dass es so etwas wie *Talent zum Forschen* gibt, das jen-
seits von Intellekt, Engagement, Wissen und Ausbildung liegt.

Grundtypen von Forschern

Es ist ganz hilfreich, wenn man sich einmal fragt: *Was motiviert eigentlich Forscher, sich begeistert einem schwierigen, womöglich auch langfristigen Forschungsziel zu widmen?*
Die Antworten sind vielfältig; das führt uns zu den Grundtypen der Forscher.

Der Initiator

Der Initiator ist vielleicht der wichtigste Forschertyp, da er ständig auf der Suche nach etwas ganz Neuem und Großem ist. Er ist extrem neugierig, etwas chaotisch und will Dinge stark verändern. Er hat keine Berührungsängste und geht die Dinge mutig an. Die Ungeduld treibt ihn. Er zögert nicht lange mit umständlichen Strategien, sondern eruiert das Terrain gerne mal durch Schlüsselexperimente. Das kann sich einige Male wiederholen, bevor er aufgibt. Der Initiator verliert das Interesse, wenn das Problem prinzipiell gelöst ist. Es ist nicht so sehr seine Sache, das Projekt mit viel Fleiß in den Details zum finalen Erfolg zu bringen. Er braucht dann dringend Unterstützung von anderen Forschertypen.

Der Vollender

Als Pendant zum Initiator ist der Vollender eher jemand, der einiges wissen will, bevor er anfängt an einer Forschungsidee zu arbeiten. Ihn begleitet eine große Skepsis und er scheut sich, viel zu investieren, ohne nicht alle theoretischen Aspekte abgeklärt zu haben.
Ein erlebtes Beispiel mag diesen Typus etwas näher veranschauli-

chen: In einem meiner ersten Berufsjahre habe ich mit einem sehr intelligenten und gut ausgebildeten Kollegen zusammengearbeitet. Als wir einmal über ein konkretes Forschungsexperiment sprachen, kam er mit guten Argumenten zu dem Schluss, dass dieses Experiment nicht funktionieren könne. Ein dritter Kollege führte das Experiment aber innerhalb weniger Tage durch und es funktionierte wider Erwarten.

Ein Initiator und ein Vollender bilden ein ideales Mini-Team, wenn es darum geht, ein neues Projekt zu initiieren und zu implementieren.

Der Perfektionist

Perfektionismus ist eher förderlich bei Tätigkeiten in der Entwicklung und in Phasen der Forschung, wo es um größte Präzision und Finalisierung von Daten geht. Im praktischen Alltag sind Perfektionisten oft schwer von einem Zeitziel für ihre Forschungsaktivitäten zu überzeugen. In einem diversen Forschungsteam haben sie aber durchaus ihren Platz und können Projekten in bestimmten Phasen erheblich helfen.

Was macht ein produktives Forschungsteam aus?

Es geht darum, in der Summe im Team weit mehr zu erarbeiten, als man von den einzelnen Forschern erwarten kann. Ein produktives Forschungsteam braucht optimale Arbeitsbedingungen. Dazu gehören:

- Zugang zu allen wichtigen und modernsten Gerätschaften und Technologien,
- externe Kooperationsmöglichkeiten,

- diverse Teamzusammensetzung bei komplexen Themen, z. B. Chemiker *und* Biologen, andere Naturwissenschaftler mit unterschiedlichem Ausbildungs- und Erfahrungsgrad,
- kompetente Teamleitung,
- das volle Vertrauen einer kompetenten Forschungsleitung mit kurzen Wegen.

Zentraler Faktor eines erfolgreichen Forschungsteams ist seine maximale Selbstständigkeit. Nur wenn ein stimmiges und diverses Team auch das sichere Gefühl hat, einen erheblichen Gestaltungsspielraum zu haben, wird es zur vollen Leistung fähig sein. Außerordentliche Leistungen in der Forschung beginnen oft mit ungewöhnlichen und mutigen Ideen, die zu Beginn nicht selten als unrealistisch eingeschätzt werden. Zündende Ideen kann man nicht perfekt planen, aber man kann ein kreatives Umfeld schaffen. Eher kontraproduktiv für wirklich innovative Ansätze sind die selbst ernannten oder auf den Thron gehobenen *Superexperten*, die dazu tendieren, ihre Expertise in einem hoch spezialisierte Umfeld zu perfektionieren. Das hilft dem Team oft nicht, grundsätzliche neue Lösungen zu finden.

Kreative Lösungen entstehen oft in einem interdisziplinären Spannungsfeld, besonders dann, wenn die Teammitglieder bereit sind, mal aus ihrem Spezialgebiet aufzutauchen, den Vertretern der anderen Disziplinen zuzuhören und sich trauen, auch dazu Stellung zu nehmen und einfache Fragen zu stellen oder mutige Anregungen zu geben. Diese können und sollen durchaus auch mal ins Unreine gesprochen werden können.

An dieser Stelle möchte ich von der sehr fruchtbaren und komplementären Zusammenarbeit von Chemiker und Biologen in unseren Forschungsteams berichten:

Während in den meisten großen Pharmafirmen neue Forschungsprojekte hauptsächlich von reinen Kernteams aus Biologen erarbeitet werden, die dann aus Zellbiologen und Molekularbiologen bestehen, habe ich über lange Zeit sehr positive Erfahrungen mit der
gleichmäßigen Besetzung von Chemikern und Biologen auch bei
der Findung neuer Projekte gemacht.

Interessanterweise gibt es in diesen beiden naturwissenschaftlichen
Disziplinen sehr verschiedene Verhaltensweisen, die sehr viel mit
der Ausbildung und den Studieninhalten zu tun haben. Biologen
lernen während ihres Studiums ihr Fach als sehr beschreibende
Wissenschaft von Naturphänomenen kennen. Immer noch gehören
zu den meisten Studiengängen der Biologie die Teildisziplinen *Bo-
tanik, Zoologie* und *Molekularbiologie*. Die Ausbildung in diesem
Studienfach erzieht zu breitem Interesse, vernachlässigt aber bis-
weilen die Verständnistiefe auf molekularer Ebene. Dies gilt auch
für Molekularbiologen, die auch heute noch vielfach kaum ausreichende Kenntnisse über die chemischen Reaktionen ihrer enzyma-
tischen Umsetzungen haben. Dem Biologen reicht das meist, er gibt
sich mit einem beschreibenden Verständnis zufrieden.

Als Chemiker hat mich auf der anderen Seite in meinen ersten Jahren in der Zusammenarbeit mit Biologen die Leichtigkeit überrascht, mit der die Kollegen Arbeitshypothesen formulieren konnten, die nicht selten auf sehr wenigen Daten basierten. Als Chemiker genießt man ja eine ganz andere Ausbildung. Man orientiert
schon während des Studiums sein Denken sehr schnell an struktu-
rellen Beschreibungen. In der organischen Chemie wird die For-
melsprache zu einem präzisen Kommunikationsmittel. Das Denken
in Formeln, Strukturen und physikochemischen Dimensionen be-
hält man auch dann noch bei, wenn es um sehr komplexe Moleküle
wie beispielsweise Proteinen geht. Das hat den Vorteil, dass der
Chemiker die biologische Vielfalt der Biomoleküle sehr viel tiefer

verfolgen und verstehen kann. Die Biodiversität beginnt ja erst mit den Variationsmöglichkeiten des originären Genproduktes, das der Biologe mit nur einem Begriff beschreibt.

Das schon ausgeführte Beispiel Beta-Amyloid-Protein hatte eine große strukturelle Komplexität. In wichtigen Phasen des Projektes war die Diskussion mit vielen Biologen und auch Medizinern extrem schwierig, da es galt, die aus dem Genprodukt resultierenden Proteinstrukturen *Monomer, Oligomer* und *Fibrillen* als völlig eigenständig und in gegensätzlicher Weise miteinander verknüpft in der Physiologie und der Pathophysiologie zu betrachten.

Dieses Beispiel verdeutlicht, wie wenig sachgerecht es sein kann, wenn komplexe Wissenschaft nicht breit und interdisziplinär aufgestellt ist. Leider hat sich dieser Fehler auch in vielen anderen Forschungsorganisationen wiederholt, was zumindest dem Arbeitsgebiet der kausalen Alzheimerforschung wertvolle Jahre, wenn nicht Jahrzehnte geraubt hat, wie ich aus leidvoller eigener Erfahrung sagen kann.

Im Umkehrschluss haben wir in unserer Forschungsgruppe stets darauf geachtet, dass die Forschungskonzepte von möglichst vielen Seiten reflektiert wurden. Neben Chemikern, Biologen und Medizinern sollten auch andere Wissenschaftler ihre Beiträge und Rückmeldungen regelmäßig einfließen lassen.

In einem völlig offenen Team, in dem letztlich nur das beste Gesamtergebnis zählt, stellt sich jeder gerne der konstruktiven Kritik oder sucht permanent nach neuen Ideen und Verbesserung. Besonders nach längeren Phasen der Erfolglosigkeit ist es wichtig, die Forschungsansätze noch mal grundsätzlich zu hinterfragen und auch völlig neue Konzepte zu suchen.

Kernkompetenzen und Verhaltensweisen		
	Biologen	**Chemiker**
Denkweise	Denken in Sprache und Begriffen	Denken in molekularen Strukturen
Hypothesen	Formulieren Hypothesen auch im Lichte weniger Fakten	Wollen sehr viele Fakten sehen, bevor sie eine Hypothese wagen
Pragmatismus	Können mit fehlendem Wissen gut umgehen	Neigen zur Perfektion
Teamkompetenz	Verhalten sich sehr proaktiv in multidisziplinären Teams	Zurückhaltendes Verhalten im Team außerhalb der eigenen Fachkompetenz
Rolle im Team	Präsentieren gerne und werden oft als die Schlüsselfiguren der Forschung wahrgenommen	Nehmen oft die Passive Rolle in den Forschungsteams ein

Abb.2: Komplementäre Verhaltensmuster von Biologen und Chemikern in der Forschung

Was also tun, wenn man in einer Sackgasse steckt?

Kommt das Team selbst zu der Überzeugung, dass man sich in einer Sackgasse befindet, kann man nur mit grundsätzlich neuen Ideen erfolgreich sein. Brainstormings können hier sehr hilfreich eingesetzt werden, wenn man die Spielregeln konsequent beachtet, d. h. vorurteilsfreie Ideensammlung ohne Killerphrasen bei der Ideenerhebung und der anschließenden Aufarbeitung der Ideen betreibt. Wir werden später darauf noch näher eingehen.

Eine weitere Maßnahme ist die Diskussion von Forschungsprojekten in anderen Teams. Dahinter steckt keinesfalls die Annahme, dass dort vielleicht die besseren Fachleute sind. Vielmehr führt die lange harte Arbeit an einem Forschungsziel oft zu Betriebsblindheit und Verkrampfung. Das Team ist dann zu sehr synchronisiert und braucht neue Anregungen.

Ein großes Rätsel der Forschung bleibt die Frage nach den zündenden Schlüsselideen. Jeder, der länger in der Forschung gearbeitet hat, kennt die Situation, wenn nach einer Durststrecke eine einzige Idee einen Durchbruch oder zumindest einen Sprung nach vorne bewirkt. Rückblickend stellt man sich dann die Frage: *Warum ist mir die Idee nicht früher gekommen?* Die Antwort auf diese Frage ist nicht einfach. Sicher gilt, dass man die Wahrscheinlichkeit für neue Ideen durch Erzeugung eines kreativen Umfeldes erhöhen kann. In den wenigsten Fällen kommt diese Idee im stillen Kämmerlein. In meinem Falle handelte es sich oft um Diskussionen, die zunächst mal nicht sehr fokussiert erschienen. Dann war es eine seltsame Bemerkung von irgendwem, die bei mir etwas auslöste, an das ich vorher nicht gedacht hatte. Die eigentliche Idee hatte sich aus nicht nachvollziehbaren Gründen gezeigt. Auch im Traum habe ich gelegentlich wirklich völlig neue Einfälle zu laufenden Projekten gehabt.

Das ist wirklich das Faszinierende in der Forschung: Ein Problem, das lange nicht lösbar war, kann schon morgen lösbar sein.

Industrielle Forschung

Das Verhältnis Forschung und Management

Anwendungsorientierte Forschung mit ehrgeizigen kommerziellen Zielen erfordert viel Einsatz in Form von modernen Forschungslabors, Gerätschaften, Forschern, Zeit und sehr viel Geld. Ohne ein überzeugendes Engagement der Führung, nicht nur hinsichtlich der Bereitstellung dieser materiellen Ressourcen, kann sich kein Erfolg einstellen. Das permanente Vertrauen in die Forscher auch in Krisenzeiten und die volle Unterstützung der abgestimmten Konzepte sind unabdingbar für den Erfolg. In guten Phasen braucht das Projektteam das Management wenig, umso mehr aber in den schwierigen Phasen, wenn das Scheitern des Objektes droht.

Die Vorhersehbarkeit und Erreichbarkeit der gesetzten Forschungsziele ist insbesondere bei neuen Forschungsgebieten extrem schwierig. Für die Findung neuartiger Wirkstoffe zu Behandlung von bisher schlecht therapierbaren Krankheiten ist ein Zeithorizont von ca. zehn Jahren und mehr realistisch.
1984 begannen wir bei der *BASF* mit der auf Proteinwirkstoffe zur Behandlung bis dato nicht oder schlecht therapierbarer Krankheiten ausgerichteten Forschung. Die methodischen Durchbrüche der ersten Generation der Gentechnologie Anfang der 80er-Jahre ermöglichte nun im Prinzip die Herstellung beliebiger Proteine. Das suggerierte vordergründig, dass man nun zu jeder Erkrankung, die auf molekularer Ebene verstanden war, nur noch das therapeutische Protein bzw. den Antikörper finden musste, um diese Krankheit zu behandeln.
Wir rekrutierten innerhalb der ersten zwei Jahre ein kompetentes Team, das die Etablierung geeigneter Forschungskooperationen und die Erarbeitung entsprechender Projekte ermöglichte. Die Unter-

stützung durch das Management war nach einer etwas holprigen Einstiegsphase nahezu optimal. Wir hatten neben gut ausgebildeten Mitarbeitern auch alle wesentlichen modernen Methoden und Geräte zur Verfügung. Allerdings hatten wir zu lernen, dass unser Erwartungshorizont bei Weitem zu optimistisch ausgelegt war. Zum einen waren die entscheidenden Zielmoleküle für die Erkrankungen gar nicht so einfach zu finden und zu charakterisieren; hier waren Irrwege vorprogrammiert. Zum anderen lief die Herstellung der therapeutischen Proteine nicht wie am Fließband und war mühsam in jedem Schritt.

Wir waren auch im internationalen Wettbewerb Lernende. Erste Beispiele waren unsere Bemühungen, bestimmte Botenstoffe des Immunsystems, wie *Tumor Nekrose Faktor* (TNF) und *Gamma Interferon* herzustellen. Es hatte sich gezeigt, dass bestimmte permanente Tumorzelllinien durch diese Proteine abgetötet werden konnten. Diese entarteten Zellkulturen stellten sich jedoch als ein irrelevantes Tumormodell heraus. Wir und andere mussten lernen, dass TNF wie auch einige andere Interleukine eher Entzündungsmediatoren als Krebstherapeutika darstellten.

Und hier ergab sich nun ein sehr interessanter dynamischer Prozess, der nur möglich war, weil es innerhalb der Gruppe sehr viel Engagement, Kreativität und Flexibilität gab. Gleichzeitig gab es Freiraum seitens der Führung. Innerhalb von zwei bis drei Jahren nutzten wir unser aufgebautes Know-how zur TNF-Forschung, um die Rolle dieser Substanz in den entzündlichen Erkrankungen besser zu verstehen. Ein monoklonaler Antikörper, der zunächst als Messsonde zur Gehaltsbestimmung von rekombinanten TNF-Proben diente, stellte sich auch als exzellentes Diagnostikum zur Bestimmung von TNF-Spiegeln in Körperflüssigkeiten von erkrankten Personen heraus. In Zusammenarbeit mit vielen Forschungsgruppen, die unseren Antikörper nutzten, ergab sich sehr schnell, dass bei vielen subchronischen und chronisch entzündlichen Erkrankungen wie z. B. rheumatoide Arthritis oder Morbus Crohn die TNF-Spiegel in Serum und Gelenkflüssigkeit erhöht waren. Diese Daten führten zusammen mit den Erkenntnissen anderer Arbeitskreise und Firmen letztlich dazu, dass nun klinische Studien mit diesem Antikörper *MAK 195* durchgeführt werden konnten.

Zunächst ließ die Herkunft des Antikörpers aus der Maus allerdings nur eine begrenzte Behandlungsdauer von maximal vier Wochen zu, da das menschliche Immunsystem Antikörper aus anderen Spezies letztlich als fremd erkennt und daher wieder eliminiert. Die Indikation *Septischer Schock* erschien daher erst einmal als eine geeignete schwere Erkrankung, um das Prinzip der TNF-Neutralisierung mit dem *MAK 195* in klinischen Studien zu testen. Nach jahrelangen Studien in Europa und den USA ergab sich für einige der Patienten eine messbare Verbesserung. Die begrenzte Wirksamkeit sowie die Heterogenität dieser Erkrankung ließen die Beantragung einer Zulassung zu einem Medikament am Ende aber nicht sinnvoll erscheinen.

Solche Niederlagen sind für den Forscher sehr enttäuschend, aber die partielle Wirksamkeit machte durchaus Hoffnung, das Prinzip der TNF-Neutralisation bei anderen chronischen Entzündungserkrankungen klinisch weiter in Betracht ziehen zu können. Dazu bedurfte es jedoch eines Antikörpers, der eher *menschlicher* Natur war und dadurch vom Patienten nicht mehr als fremd abgestoßen werden konnte. In Zusammenarbeit mit der Biotechnologie Firma *Cambridge Antibody Technology* gelang die *Humanisierung* des Maus-Antikörpers *MAK 195*, sodass er nun als *Humira*® *u. a.* bei der rheumatoiden Arthritis klinisch erprobt werden konnte. Die klinischen Effekte waren überwältigend und bescherten dem Anti-TNF-Behandlungsprinzip bei Autoimmunerkrankungen ab ungefähr dem Jahr 2000 einen großen Erfolg.

Etwa 15 Jahre nachdem wir in der *BASF* ein ganz neues Kapitel Pharmaforschung losgetreten hatten, war es dann endlich soweit: Wir hatten etwas ganz Großes erreicht und wesentlich zu einem Durchbruch für die Behandlung von chronisch entzündlichen Autoimmunerkrankungen beigetragen. Aus einem anfänglichen Testsystem für die Bestimmung eines vermeintlichen Anti-Krebs-Wirkstoffs wurde ein wichtiges neues Medikament, das bis heute viele Hunderttausende Rheumapatienten zu erheblich besseren Lebensbedingungen im Umgang mit dieser schweren Erkrankung verhalf.

Rückblickend kann man sagen, dass wir ein Fenster von wenigen Jahren in der Forschung genutzt hatten, um mit *Humira®* etwas ganz Neues zu schaffen. Bis zu diesem Zeitpunkt standen keine kausalen Therapien für chronische Autoimmunerkrankungen zur Verfügung. *Methotrexat* und andere nicht steroidale antiinflammatorische Substanzen konnten die Krankheit bis dato nicht aufhalten. Neben *Humira® wurde* von unserer Forschungsgruppe auch der Wirkstoff zu einem anderen fast parallel entwickelten Anti-TNF-Wirkstoff zuerst entdeckt. Mit der Idee, dass der kranke Körper bereits Eigenheilung betreibt, isolierten wir aus dem Urin von Fieberpatienten den endogenen Anti-TNF Wirkstoff *sTNF Rezeptor II*, den wir in einer Patentanmeldung als Erste beschrieben. Die Firma *Immunex* modifizierte diesen Wirkstoff zwecks Erzielung eines längeren Verbleibs im Organismus durch rekombinanten Einbau in einen sogenannten *Fc-Rezeptor*. Das entstandene Produkt wurde als *Enbrel®* fast ebenso erfolgreich in der Therapie der rheumatoiden Arthritis wie *Humira®*.

Leider waren Vertrauen und Geduld des *BASF*-Managements in den späteren Phasen unserer Pharmaforschung und Entwicklung begrenzt. Während um das Jahr 2000 bereits durchschlagende Erfolge von *Humira®*- und *Enbrel®* bekannt wurden, beschloss *BASF* den Verkauf der Pharmasparte. Das *Handelsblatt*[4] hat in seiner Ausgabe vom 04.09.2012 darüber ausführlich berichtet. Nachzutragen ist, dass beide Produkte mit jährlichen Umsätzen in zweistelliger Milliardenhöhe über sehr lange Zeit Spitzenpositionen beim weltweiten Umsatz mit Arzneimitteln erzielt haben.

Der beste Lohn für die jahrelange Arbeit

Was motiviert Forscher am Ende? Die Frage ist sicher für jeden differenziert zu beantworten. Für mich war die mit Abstand stärkste Triebkraft der Erfolg des Wirkstoffs beim Patienten. Im Zusammenhang mit *Humira* gab es dazu für uns als Forscher ein einschneidendes Erlebnis. Eine der ersten Patienten, die mit *Humira* im Rahmen von klinischen Studien behandelt wurden, war in den 90er-Jahren eine angehende Zahnärztin aus Ratingen. Sie hatte ihr Studium der Zahnmedizin abbrechen müssen, weil sie sehr plötzlich an rheumatoider Arthritis erkrankte und sich nun in einer sehr verzweifelten Situation befand. Sie litt nicht nur unter erheblichen Schmerzen, sondern war auch in ihrer Beweglichkeit extrem eingeschränkt. In dieser Phase bekam sie die Möglichkeit, an dieser frühen klinischen Studie zur Wirkung von *Humira*® in dieser Indikation teilzunehmen. Sie hatte das Glück, bereits mit der ersten Injektion Wirkstoff zu erhalten und sofort einen deutlichen Effekt zu spüren. Mehr als zehn Jahre später besuchte sie uns in der Forschung in Ludwigshafen, um ihre Geschichte zu erzählen. Obwohl die Studie doppelt blind und Placebo kontrolliert angelegt war, d. h. weder Arzt noch Patient wussten, wer Wirkstoff und wer Placebo erhielt, gab es für sie ein einschneidendes unvergessliches Erlebnis: »Da ging ein Wunder durch meinen Körper«, berichtete sie und wir Forscher saßen im Hörsaal und hatten Tränen in den Augen. Für sie begann dank *Humira*® ein neues Leben ohne Schmerzen mit wiedererlangter Beweglichkeit und neuen Möglichkeiten in Privatleben und Beruf.

Dieses Feedback war für mich das Schönste, was mir in meinem Arbeitsleben passiert ist. Es hat mich die Folgejahre in anderen schwierigen Phasen enorm motiviert, so etwas noch mal mit anderen Erfindungen zu erleben.

Forschen im Wettbewerb

Wenn man etwas Ungewöhnliches erreichen will, ist man bei einem solchen Vorhaben selten allein. So ist es auch bei hochrelevanten Forschungsthemen, insbesondere wenn sie kommerziell sehr attraktiv sind. Natürlich ist die Aufmerksamkeit zunächst stark von der Größe und dem Innovationspotenzial des Arbeitsgebiets abhängig. Die Attraktivität wird dann aber sehr stark über internationale Konferenzen und Journale gelenkt und synchronisiert.

Ich möchte das im Folgenden an dem Gebiet der Alzheimer-Forschung näher illustrieren. Wir können jedoch davon ausgehen, dass die Mechanismen, die hier aufgezeigt werden, bei allen relevanten Arbeitsfeldern ähnlich sind. Es ist wichtig, diese zu durchschauen, damit man sich selbst als Forscher richtig positionieren kann und nicht einfach im Strom des Massenphänomens mitschwimmt.

Wie oben erwähnt, wurden die Therapiemöglichkeiten der Alzheimerschen Erkrankung und damit ein großes Arbeitsgebiet durch die Aufklärung der Biosynthese des Beta-Amyloid-Proteins eröffnet. Parallel dazu konnte gezeigt werden, dass Immuntherapien bei transgenen Tieren trotz der Blut-Hirn-Schranke, die den freien Zugang von Antikörpern verhindert, zum Abbau zumindest der abgelagerten Beta-Amyloid-Plaques führen konnte.

Wenn solche Ergebnisse, oft von Hochschullehrern auf internationalen Konferenzen berichtet, bekannt werden, löst das synchron in den großen Firmen eine schnelle Reaktion von sehr ähnlichen und offensichtlichen Forschungsaktivitäten aus. Seitens des Forschungsmanagements und der Forscher ist diese erste Welle typischerweise gekennzeichnet von Hektik, Übereifer und häufig nicht gut durchdachten schnellen Forschungsprojekten. Schnell werden die *besten Forscher* vom Markt gefegt und sollen in Windeseile den Blockbuster erfinden und entwickeln.

Die Meinungsmacher definieren zu diesem Zeitpunkt die Forschungskonzepte und prognostizieren schnelle Erfolge. Die Topmanager in den Firmen hängen förmlich an ihren Lippen und genehmigen ausschließlich Projekte, die von den vermeintlich ganz Großen des Arbeitsgebietes abgesegnet werden. In diesem Personenkreis ist weitgehende Uniformität in der wissenschaftlichen Meinung ein häufig zu beobachtendes Phänomen in wesentlichen kommerziell interessanten Arbeitsgebieten.

Die Meinungsmacher genießen vielfach einen Sonderstatus, der manchmal einem Starkult gleicht. Zu erwarten wäre, dass Naturwissenschaftler sehr nüchtern ihrer eigenen Logik vertrauen und sehr scharf argumentieren. Die Realität ist, dass in Anwesenheit der Koryphäen viele Forscher sehr schnell ihre Meinung nach der *geltenden* Meinung ausrichten und eigene Gedanken vermissen lassen. Das durchschnittliche Forschungsmanagement fühlt sich gut dabei, wenn man sich mit den Projekten da tummelt, wo alle anderen auch sind, und das auch so von den *Besten* gesehen wird. Man muss dann vermeintlich nur noch schneller als die Wettbewerber sein, um erfolgreich zu sein.

Forschen im Wettbewerb heißt in dieser Phase einfach, mit großen Ressourcen aufzutreten, d. h große Forschungsteams arbeiten in Rekordzeit vorgegebene Forschungsprojekte schnell ab. Ich habe das immer gerne als die *Modephase* in der innovativen Forschung bezeichnet. Es entstehen oft nicht gut durchdachte, fehlerhafte Entwicklungsprojekte. Ebenso ist der ganze Prozess in dieser Phase volkswirtschaftlich eine gewaltige Verschwendung von Ressourcen, denn letztlich arbeiten alle großen Firmen an ähnlichen Konzepten fast zeitgleich unter großem Zeitdruck und mit wenig Wert in Sachen Qualität und Differenzierung.

Zeitigt dann diese erste Welle der Entwicklungsprojekte nicht den gewünschten Erfolg, verlieren viele Organisationen und Forscher genauso schnell wieder die Lust. Es folgt der nächste Modetrend und ein neuer Kreislauf startet.

Was nach der ersten Welle der Enttäuschung eigentlich passieren sollte, ist eine nüchterne Analyse und Aufarbeitung der Gründe für das Scheitern. Die Geduld dazu ist jedoch häufig vom Top-Management, den Investoren und der Börse nicht gegeben. Man verlässt ein Arbeitsgebiet voreilig und versucht sich lieber mit der nächsten Modewelle an neuen Trends, die durch die Presse gejagt werden. So werden grandiose Chancen in der zweiten oder dritten Welle verpasst, weil man sich weigert, noch mal nachzudenken und zu lernen, um so zu modifizierten Konzepten zu kommen.

Mutige Unternehmen geben ihren Forschern mehr Zeit, solange es relevanten Erkenntnisfortschritt über die Zeit im Vergleich zur Konkurrenz gibt.

Ein Beispiel aus meiner eigenen Erfahrung war die Suche nach *Dopamin-D3-Rezeptorantagonisten* zur Behandlung der Schizophrenie. Zugegebenermaßen haben wir sehr lange an diesem Forschungsprojekt gearbeitet und sehr viele Fehler gemeinsam mit der

Konkurrenz produziert, was letztlich immer wieder zu veränderten neuen Anläufen geführt hat. Wir haben jedoch jedes Mal aus den Fehlern gelernt und deutliche Erkenntnisfortschritte gemacht. Leider reichte die Geduld unseres Managements nicht aus, um dann die finalen präklinisch wirklich sehr gut wirksamen Substanzen klinisch zu entwickeln.

Warum es sich lohnt, die Forschung auf den Prüfstand zu stellen

Nichts hat das Leben der Menschen so sehr verändert, wie die bahnbrechenden Erfindungen in der Entwicklungsgeschichte der Menschheit. Man findet viele Auflistungen darüber, was nun die größten waren. Darüber lässt sich natürlich trefflich streiten. Die *FAZ* hat jüngst ihre 20 Favoriten für die größten Erfindungen zusammengestellt:

Die großen Erfindungen der Menschheit		
Faustkeil	ca. 2,5 Mio. Jahre	
Feuer	ca. 1,5 Mio. Jahre	
Textilien	ca. 30.000 Jahre	
Ackerbau	ca. 11.000 Jahre	
Metallverarbeitung	5. Jt. v. Chr.	
Rad	3. Jt. v. Chr.	
Schrift	3. Jt. v. Chr.	
Buchdruck	9. Jh. n. Chr.	
Linsenoptik	14. Jh. n. Chr.	
Uhr	14. Jh. n. Chr.	
Dampfmaschine	1765	James Watt

Die großen Erfindungen der Menschheit		
Heißluftballon	1783	Brüder Montgolfiere
Eisenbahn	1805	Richard Trevithick
Fotografie	1826	Louis Daguerre
Stromerzeugung	1866	Werner Siemens
Rundfunk	1919	Hans Bredow
Penicillin	1928	Alexander Flemming
Computer	1940	Konrad Zuse
Weltraumrakete	1942	Wernher von Braum
Antibabypille	1961	Carl Djerassi

Abb.3.: Bahnbrechende Erfindungen der Menschheit[5]

Und natürlich sind hier nicht alle aufgelistet, z. B. nicht der Kunstdünger und der Kühlschrank, zwei Erfindungen, die für die Ernährung der Menschheit von zentraler Bedeutung sind.

Man stelle sich nur einmal vor, eine dieser 20 Erfindungen wäre nicht oder zu einem sehr viel späteren Zeitpunkt gemacht worden. – Keine Frage, dass sich die Welt deutlich anders entwickelt hätte.

Natürlich eröffnen alle diese großen Erfindungen die Nutzung zum Segen oder aber Fluch der Menschheit. Diese sehr unterschiedlichen Nutzungsmöglichkeiten von Erfindungen sind immer auch eine moralische Frage und müssen von einer stetigen Wertediskussion in der Gesellschaft begleitet werden.

Dieses Buch will sich primär nicht mit Strategien zum Überleben der Menschheit auseinandersetzen. Allerdings sind die Herausforderungen im Jahre 2020 so, dass wir in Anbetracht der Klimaerwärmung, einhergehend mit noch steigendem Bevölkerungswachstum und Nahrungsmittelunterversorgung für ca. eine Milliarde Menschen, mit Verhaltensänderungen alleine eine sichere und humane Zukunft in absehbarer Zeit nicht realisieren können. Wir brauchen darüber hinaus schnelle und nachhaltige Technologien zur drastischen Einsparung fossiler Energien und Ressourcen. Selbst bei höchster Willigkeit und Einigkeit der Staaten dieser Erde fehlen heute noch effiziente Technologien, z. B. in den Bereichen grüner Energieproduktion, speicherung, und verteilung oder einer nachhaltigen bodenschonenden Landwirtschaft. Diese essenziellen transformativen Änderungen unseres Lebens sind nur durch zielgerichtete effiziente Forschung zu realisieren. Die Formulierung sehr ehrgeiziger, aber erreichbarer Forschungsziele in Schlüsseltechnologien ist eine dringliche und zentrale Aufgabe aller gesellschaftlichen Kräfte gemeinsam mit Technik und Naturwissenschaft in Unternehmen und akademischen Forschungseinrichtungen.

Ein gesellschaftlicher weitgehender Konsens über das, was erreicht werden muss, bündelt unsere Kräfte und erhöht damit die Wahrscheinlichkeit erfinderisch und innovativ zu sein. Das muss dann auch aktiv von der politischen Führung und den Eliten des Landes überzeugend und aktiv kommuniziert werden. Als sehr bekanntes Beispiel für eine mutige technologische Zielsetzung mag das Mondlandungsprogramm der *NASA* gelten, dass von J. F. Kennedy Anfang der 60er-Jahre klar formuliert wurde und große Resonanz in den USA fand. Es zeigte sich, welches Innovationspotenzial in der *NASA* freigesetzt werden konnte, um dieses extrem ehrgeizige Ziel zu erreichen.

Ein aktuelles Beispiel für weit überdurchschnittlich schnelle und starke Veränderungen sind die Reaktion und der Umgang mit der Covid-19-Pandemie in Deutschland und einigen anderen Ländern. Verhaltensweisen in der Bevölkerung wurden schnell, konsequent und rigoros an Notwendigkeiten angepasst, aber auch viele Forschungseinrichtungen haben sich unbürokratisch mit ehrgeizigen Zielen für Impfstoffe und Therapeutika eingebracht. Diese Beispiele sollten uns Mut machen, dass wir als Wertegemeinschaft Ungeheures leisten können, wenn nur eine gewisse Not und die Einsicht in die Notwendigkeit gegeben sind. Der Satz *Not macht erfinderisch* kann uns allen auch für die komplexen und extrem schwierigen Lösungen der Erderwärmung und den damit verbundenen Problemen der nächsten Jahrzehnte Orientierung geben und zum Anlass für Optimismus dienen. Wie sagte doch Angela Merkel anlässlich der Flüchtlingskrise: *Wir schaffen das.*

Die Historie hat also gezeigt, dass erfolgreiche Forschung die Tür zu ganz großen Veränderungen aufstoßen kann. Aber das geht nicht immer ganz von selbst. Es lohnt sich daher, die Qualität der Forschung und ihre Rahmenbedingungen mal genauer zu analysieren. Die Effizienz einer Forschung ist dabei von vielen Parametern abhängig, die der Reihe nach diskutiert werden sollen.
In den folgenden Kapiteln wird zunächst exemplarisch die Ergebniseffizienz deutscher Forschung in den letzten 150 Jahren beleuchtet. Im späteren Teil des Buches werden dann Maßnahmen zur Verbesserung diskutiert.

Transformative Innovationen erlauben Quantensprünge in der Entwicklung unsere Gesellschaft

Nimmt man einmal die durchschnittliche Lebenserwartung bei der Geburt als akzeptierten Parameter für die Lebensqualität, so befinden wir uns weltweit in einem rasanten Anstieg. Lag die weltweite Lebenserwartung 1960 noch bei knapp 51 Jahren, so betrug dieser Wert schon 2008 über 67 Jahren. Natürlich war dieses Ergebnis nur dank verbesserter Hygienebedingungen und Fortschritten in der Ernährung und im Gesundheitswesen möglich. Die Kindersterblichkeit ging folglich drastisch zurück und obwohl der Hunger in der Welt bei Weitem noch nicht besiegt ist, gibt es für immer mehr Menschen ausreichend Nahrungsmittel und verbesserte Gesundheitsversorgung und Bildung. Die Lebenserwartungen in der sogenannten Ersten Welt, also USA, Japan und weite Teile Europas, sind seit einigen Jahren auf hohem Niveau konstant.

Die neue Herausforderung der Menschheit heißt aber nun nicht erst seit heute *Beschränkung der Folgen des Klimawandels*. Mit einer unglaublichen Beschleunigung schritt die Erderwärmung in den letzten zehn Jahren weltweit zunehmend fort. Unsere Forschung muss daher in Zukunft noch effizienter funktionieren.

Deutschland – ein Exportland für Innovation

Deutschland ist nicht nur wirtschaftlich ein Exportland, es hat auch Vorbildfunktion für die Erfindung und Markteinführung neuer Technologien. Nur wenn wir im eigenen Land unser Tempo für die Einführung CO_2-armer und Ressourcen schonender Technologien

erheblich steigern, werden wir einen überzeugenden Beitrag zur Abmilderung der Folgen des Klimawandels leisten. Der derzeitige Kurs mit den dürftigen nach hinten verschobenen Zielsetzungen für die Pariser Klimaziele ist völlig unzureichend und bedarf drastischer Veränderung. Das vielleicht Wichtigste neben unseren Verhaltensänderungen ist die bedingungslose Etablierung einer CO_2-neutralen Energie-Infrastruktur in den nächsten 10–20 Jahren.
Wir sind aber nicht nur bei der Formulierung der Ziele nicht gut genug: Unserer Forschung mangelt es an Strategie, Fokussierung und Effizienz. Viele Bemühungen sind nicht zielgerichtet und zufällig, haben kaum Bedeutung oder werden anderswo schon beforscht. – Wir können deutlich besser werden in der Forschung.

Deutschland in der Innovationskrise

Der schleichende Rückzug aus den großen Hightech-Arbeitsgebieten Pharma und Informationstechnologien

Die in den letzten Jahrzehnten erzielten guten wirtschaftlichen Erfolge dürfen uns nicht darüber hinwegtäuschen, dass wir in Deutschland, gemessen an unseren infrastrukturellen und mentalen volkswirtschaftlichen Rahmenbedingungen, wirklich transformierende innovative Produkte zunehmend weniger realisieren. Um es gleich vorwegzusagen: Hier ist nicht die alltägliche Produktverbesserung gemeint, die ja in jedem gut funktionierenden Unternehmen jeder Größe nachweislich funktioniert. Produktpflege und verbesserungen sind natürlich auch für deutsche Unternehmen die Grundvoraussetzung, mit einem durchweg guten Image an einem sich stetig entwickelnden Markt bestehen können.

Nein, hier geht es um die großen neuen Produkte und Technologien, die transformativen Charakter haben. Es geht um Dinge, die wir dringend brauchen, um z. B. gesünder, nachhaltiger und einfacher leben zu können. Diese Innovationen sind nicht alltäglich, sie fallen einem auch nicht so einfach zu. Man braucht als Volkswirtschaft oder Unternehmen einen ausgesprochenen Willen, Strategien, Ausdauer und Kraft, um sie zu erreichen. Verweigert man sich aber dieser Herausforderung, so läuft man Gefahr, völlig aus dem Wettbewerb auszuscheiden. Es gibt hinreichend historische Beispiele für den transformativen Wechsel, z. B. die Ablösung des Röhrenradios durch das Transistorradio oder die Revolution der digitalen Fotografie, die die klassische Fotografie abgelöst hat.

Die goldenen Zeiten der großen Innovationen in Deutschland am Beispiel *BASF*

Im Folgenden soll die Analyse der Innovationsgeschichte der *BASF* beispielhaft dazu dienen, das Grundproblem nicht ausreichender transformativer Innovationen in deutschen Unternehmen der letzten 30 Jahre zu belegen.

Die *Badische Anilin und Soda Fabrik* wird 1865 von Friedrich Engelhorn gegründet und besteht mit Unterbrechungen als Teil der *IG Farben AG* von 1924–1952 nun seit mehr als 150 Jahren. Teilt man die Geschichte der *BASF* grob in die beiden Hälften 1865–1950 und 1950–2020, so zeigen sich deutliche Unterschiede in der Strategie und der Entwicklung des Unternehmens.
Schaut man mal nur auf die wirklich großen Erfindungen, Technologien und Innovationen in der Geschichte dieses Unternehmens, so fällt auf, dass diese fast ausnahmslos in der ersten Hälfte der Unternehmensgeschichte stattfanden.

Disruptive *BASF* Innovationen Charakteristika	1865–1951	1952–2020
	Farbstoffe (z. B. Indigo, Indanthren), 1865–1905	
	Kunstdünger, Sprengstoff (Haber-Bosch-Verfahren), 1908–1926	
Bahnbrechende Erfindungen, neuartige Technologien und Produkte	Reppe-Acetylenchemie führt zu zahlreichen neuen technischen Verfahren für organische Verbindungen und Kunststoffe, z. B. Polystyrol, PVC, PVP, Polyacrylamide, Styropor, 1928–1951	
	Magnetband (Tonband), 1934	
	U46 Herbizide, 1949	

Abb 4.: Bahnbrechende Erfindungen der BASF[6),7)]

Die *BASF* hat gleich nach ihrer Gründung damit begonnen, sowohl neue Farbstoffe zu erforschen als auch technische Prozesse dafür zu realisieren. Insbesondere die Blaufarbstoffe *Indigo* und das stabilere *Indanthren* sind hier hervorzuheben. Die Ausarbeitung eines technischen Verfahrens für den Naturstoff *Indigo* dauerte 17 Jahre und verschlang mit 18 Millionen Goldmark mehr als das damalige Grundkapital der *BASF*. Hier war das Unternehmen in seiner frühen Phase also sehr risikofreudig und wurde dafür am Ende belohnt, auch wenn das nicht farb- und lichtechte *Indigo* zwischenzeitlich nicht mehr so gefragt war und erst mit dem Siegeszug der Bluejeans wieder attraktiv wurde. Die Entwicklung der technischen Ammoniaksynthese, die von Fritz Haber und Carl Bosch entdeckt und ausgearbeitet wurde, gehört sicher zu den bedeutsamsten Erfindungen des 20. Jahrhunderts zur Bekämpfung des Hungers, ermöglichte sie doch die Produktion von Kunstdünger. Die Reppe-Chemie mit ihren zahlreichen neuen Produkten von Vitamin A bis zum Vinylpyrrolidon löste eine Vielzahl an wichtigen organischen Zwischen- und Endprodukten sowie Kunststoffvorprodukten aus. Das Magnetband sowie die *U46 Herbizide* gehören ebenfalls zu den Meilensteinen der großen Innovationen der Chemie der ersten Hälfte des vorigen Jahrhunderts.

Schaut man nun die letzten gut 65 Jahre der *BASF*-Geschichte an, so findet man keine derartigen transformativen Innovationen mehr. Natürlich ist die Definition der transformativen Erfindungen nicht eindeutig, aber in der Tat lassen sich nach der Erfindung des Styropors im Jahre 1951 kaum noch im eigenen Hause entwickelte bahnbrechenden Erfindungen feststellen, zumindest nichts, was auch nur annähernd an die Entdeckungen der ersten 86 Jahre heranreicht. Das sieht auch die *BASF* in ihrer Eigeneinschätzung der großen Meilensteine ihrer Geschichte so. Auf ihrer offiziellen Internetseite basf.com (*Meilensteine der BASF-Geschichte*) wird einzig die Markteinführung des ersten *Strobilurins* 1996 als Fungizid angeführt. Die zweite genannte Innovation, die Weiterentwicklung des von Engelhardt stammenden Drei-Wege-Katalysator zum Vier-Wege-Katalysator im Jahre 2016 kann wohl kaum als bahnbrechend gewertet werden.

Offensichtlich haben wir es mit zwei sehr verschiedenen Zeiträumen und Geschichten in diesen 150 Jahren zu tun. Wir wissen natürlich, dass die *BASF* auch in den letzten 65 Jahren ein sehr erfolgreiches Unternehmen war und ist und wahrscheinlich auf absehbare Zeit sein wird. Aber der wirtschaftliche Erfolg wurde in den letzten Jahrzehnten zunehmend auf andere Weise erzielt. Wie in vielen anderen größeren deutschen Unternehmen wurde zunehmend die wirtschaftliche Effizienz durch inkrementalen Fortschritt in den Arbeitsgebieten sowie durch Konsolidierung und Globalisierung erreicht.

Nicht nur *BASF*: Deutsche Unternehmen verlieren Terrain im Hightech-Arbeitsgebiet *Pharma*

Hier stellen sich nun eine Reihe von Fragen. Ist die *BASF* hier ein typisches deutsches Großunternehmen? Wie sieht es in anderen DAX-Konzernen aus? Können große Unternehmen überhaupt noch transformative oder gar disruptive Technologien hervorbringen? Ist die Forschung in diesem Unternehmen vielleicht ineffizienter geworden? Gab es vielleicht doch Erfindungen mit Potenzial für bahnbrechende Produkte oder Technologien?

Schaut man auf die Unternehmensgeschichte der fast gleich alten *Bayer AG*, so ergibt sich kein grundsätzlich anderes Bild in der Weise, dass den Meilensteinerfindungen der ersten Hälfte des 20. Jahrhunderts wie *Aspirin*, der Einführung der pharmazeutischen Sulfonamide sowie Polyurethane und Kautschuk in den letzten 60 Jahre eine überschaubare Zahl von großen neuen Produkten entgegensteht. Dazu gehören der zweite Ca-Antagonist *Adalat* (1975), dass Antibiotikum *Ciprobay* (1986) und dann erst wieder nach einer sehr langen Durststrecke der Koagulationshemmer *Xarelto* 2008. Ansonsten sehen wir große Akquisitionen statt hausinterner Innovationen wie der Zukauf von *Schering* 2006 und *Monsanto* 2016.

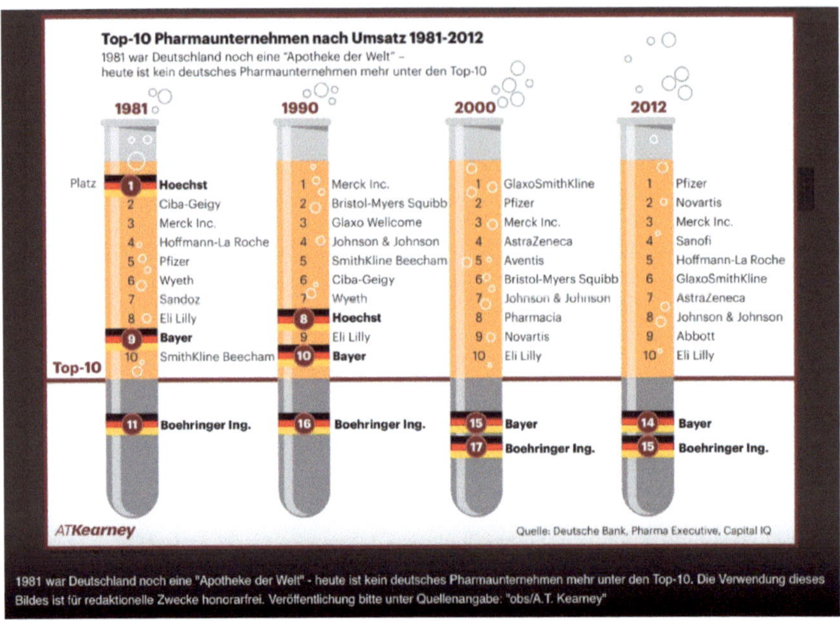

Abb. 5.: Top-10-Pharmaunternehmen nach Umsatz 1981–2012 (nach A. T. Kearney) [8]

Nimmt man die Geschichte des dritten IG-Farben-Partners, der *Höchst AG* hinzu, so sieht man auch hier eine sehr dürftige Innovationsausbeute ab den 70er-Jahren bis zur Auflösung 1999, insbesondere im Bereich der Pharmaprodukte.

Galt Deutschland bis Anfang der 80er-Jahre noch als die *Apotheke der Welt*, so änderte sich das kontinuierlich bis heute. So sanken z. B. die Forschungsaufgaben – als Indiz für ein abnehmendes Engagement – einer Studie des *Fraunhofer Instituts* zufolge von 1975–2006 von 13 auf 7 Prozent. Unter den Top-10-Pharmaunternehmen ist seit zwei Jahrzehnten kein deutsches Unternehmen mehr vertreten. Unter den Top 20 finden wir dann die *Bayer AG, Boehringer Ingelheim* und die *Merck Darmstadt* (siehe Abb. 5).

Informationstechnologien und mehr

Das Phänomen der sinkenden Präsenz großer Firmen in Hightech-Arbeitsgebieten ist nicht auf Pharma beschränkt. Bei den Informationstechnologien hat es mit *SAP* nur eine Firma in die erweiterte Weltspitze geschafft. Gemessen an der Börsenkapitalisierung im Jahr 2019 waren mit der *SAP* (Platz 49) und der *Siemens AG* (Platz 98) noch zwei deutsche Firmen in den internationalen Top 100 vertreten. Das wirft nun wirklich kein gutes Licht auf die Entwicklung der deutschen Hightech-Branchen. Das jüngste Beispiel ist die deutsche Autoindustrie, die im Vergleich z. B. zu *Tesla* derzeit deutlich niedriger bewertet wird.

Diese Entwicklung ist besorgniserregend für Deutschlands Zukunft und wird im Moment wahrscheinlich noch überdeckt von inkrementalen Effizienzsteigerungen in veralteten Technologien. Diese können aber den wirklichen Erneuerungsprozess im besten Falle eine gewisse Zeit hinauszögern, jedoch nicht ersetzen. Wer bahnbrechende neue Technologien nicht erkennt oder ignoriert, wird nicht nur vom internationalen Wettbewerb bestraft. Es bedeutet auch, sich dem schwierigen Prozess der wirklich nachhaltigen Erneuerung im Sinne des Überlebens der Menschheit zu verweigern. Die deutsche Autoindustrie hat uns dazu in den letzten Jahren immer wieder unrühmliche Beispiele geliefert, wenn man an die zögerliche Umsetzung CO_2-freier Antriebstechnologien denkt. Statt auch in den eigenen Häusern vorhandene technische Erfindungen mit Konsequenz weiterzuentwickeln, hat man lieber mit einer steigenden Zahl von Lobbyisten das Jammern um die unzumutbaren Rahmenbedingungen perfektioniert. Das hat in Verbindung mit nicht korrekten Abgasmessungen bei Dieselmotoren zu einem zeitweisen Einbruch in der deutschen Automobilindustrie geführt.

Die Bilder gleichen sich in Pharma-, Automobilindustrie und den Informationstechnologien: Letztlich hat man die Erfindung und Entwicklung echter transformativer Technologien und Produkte zu spät erkannt, oder das Risiko gescheut.

Quer durch die Hightech-Forschung – Wo klemmt es?

Fehlende, unpräzise und falsche Forschungsziele

Forscher hören es manchmal nicht gerne, wenn man sie sehr direkt nach ihrem Forschungsziel fragt. Man bekommt statt einer Antwort dann entweder eine Belehrung über die *Freiheit der Forschung* zu hören oder etwa: *Der Weg ist das Ziel.*

Dieses Phänomen begegnet einem nicht nur in der akademischen Forschung. Nicht selten bekam ich in den Bewerbungsgesprächen, wenn es um die Sinnhaftigkeit von Promotionsthemen ging, von jungen Forschern zu hören, dass die Ziele vorgegeben waren, also nichts zum Nachdenken oder Hinterfragen.

Forschungsziele können aus verschiedenen Gründen suboptimal sein. Ich möchte im Folgenden einige typische Fälle für verfehlte Zielsetzungen näher beleuchten.

Die Analogforschung

Gemeint ist hier die im Nachgang eines erfolgreichen Forschungsergebnisses stattfindende Folgeforschung, die im Wesentlichen zu trivialen, mindestens aber erwartbaren Ergebnissen führt. Solche Beispiele sieht man sehr häufig in der medizinischen Forschung an deutschen Universitätskliniken, wo es häufig primär darum geht, schnell *Dr.-med.*-Titel für angehende Ärzte zu produzieren. Die beteiligten Medizinstudenten haben in vielen Fällen weder Zeit noch Lust oder ausreichende Qualifikation, um eine anspruchsvolle eigene wissenschaftliche Arbeit durchzuführen. Gleichermaßen sind auch die Betreuer oft angehende Privatdozenten, die ihre Habilitation neben ihrer anspruchsvollen Tätigkeit als Oberarzt mit wenig Ressourcen und Zeit betreiben. Auch ihr Hauptziel ist häufig eher die Jagd nach mehreren schnellen Publikationen in den nicht immer anspruchsvollen, aber sehr zahlreichen medizinischen Fachjournalen, um die *Habil* und damit den Professorentitel für den angestrebten Chefarztposten an einem Krankenhaus zu erreichen.

Ich hatte als Zivildienstleistender das Glück, in einem typischen Forschungslabor eines Oberarztes an einer Universitätsklinik zu arbeiten, und habe einige solcher Beispiele erlebt. Es geht mir hier aber nicht darum, die Arbeit von Medizinstudenten und Oberärzten zu diskreditieren, vielmehr wird hier ein historischer Webfehler im deutschen medizinischen Forschungsbetrieb immer noch weitergeführt, und das ist das wissenschaftliche Mäntelchen in Form des *Dr. med.* für möglichst jeden Arzt. Der Schaden liegt hier nicht nur in der Verschwendung von Forschungsgeldern für irrelevante Forschungsthemen. Hinzu kommt ein beträchtlicher Imageschaden für weite Teile der medizinischen Forschung und natürlich fehlende Zeit für sinnvollere Ausbildungsmöglichkeiten unserer Ärzte. Leider herrscht auch in weiten Teilen unserer Bevölkerung immer noch der Glaube vor, dass das *Dr. med.* am Namensschild ihres Hausarztes etwas über die Qualifikation des Arztes aussagt.

Hier sei noch mal ausdrücklich betont, dass diese Beispiele zwar weit verbreitet sind, aber keine Allgemeingültigkeit haben. Als vorbildliches Beispiel für anspruchsvolle Forschung in der Medizin möchte ich meinen auch im Jahr 2020 immer noch aktiven Doktorvater Prof. Wilhelm Stoffel nennen, der ausschließlich sehr relevante und anspruchsvolle Doktorarbeiten an Medizinstudenten vergeben hat. Zur Auswahl geeigneter Kandidaten hat er zunächst ein Eingangspraktikum durchgeführt. Nur bei ausreichender Motivation und Eignung konnte der Medizinstudent seine Arbeit experimentell durchführen, was dann aber auch nicht in drei Monaten erledigt war, sondern bis zu zwei Jahren dauern konnte.

Die Schlagwort- oder Modeforschung

Ein verbreiteter Missbrauch in der Forschung ist, sich einem gerade gängigen Modethema, das meistens mit einem Schlagwort einhergeht, anzuhängen. Wer heutzutage erfolgreich Forschungsgelder rekrutieren will, muss die gerade gängige Schlagwortliste kennen, die einem leichter die Tür zu neuen Geldtöpfen öffnet.
Warum sind Schlüsselbegriffe wie *Digitalisierung*, *Big Data* oder *künstliche Intelligenz* so faszinierend im Alltag? Wer sie gebraucht, punktet in jeder Diskussion. Insbesondere öffentliche Meinungsträger und Politiker kokettieren mit diesen Begriffen und verknüpfen die Zukunft Deutschlands mit der Erfüllung dieser *Ziele* frei nach dem Motto *Wir brauchen mehr Digitalisierung*. Das ist eigentlich immer richtig.
Die Versuchung für Nichtfachleute ist groß, hier mal schnell mit gefühlter Kompetenz Lorbeeren zu ernten. Die Versuchungen sind aber nicht nur für profilierungssüchtige Politiker groß, auch die potenziellen Nutzer, also die Forschungsorganisationen spielen das Spiel um moderne Förderthemen gerne mit. So werden altbekannte Ladenhüter der Forschung verbal neu aufpoliert. Sobald die Gelder dann unter moderner Flagge bewilligt werden, kann man wie gewohnt weiterforschen. Dies geht umso besser, da die Forschungskontrolle der Ergebnisse auf der Ebene der Bundesmittel als auch der noch lukrativeren europäischen Förderprogramme de facto nicht stattfindet. Oder aber die Kontrollen sind nicht wirklich kritisch und haben daher keine negativen Konsequenzen zur Folge, z. B. im Hinblick auf zukünftige Förderfähigkeit.

Leider kann ich aus Vertraulichkeitsgründen hier nicht ins Detail gehen. In dem einen oder anderen Fall habe ich mich als Teilnehmer eines multinationalen Förderprogramms aber schlichtweg geschämt für die Dreistigkeit der Beantragung und Bearbeitung sowie das erschreckend niedrige Niveau der Durchführung des Projektes. Als Steuerzahler kam mir das wie eine Verschwendung von Steuergeldern im großen Stil vor. In keinem Fall habe ich auch nach den dürftigsten Ergebnissen irgendwelche seriösen Kontrollen, Kritiken oder gar Konsequenzen erlebt.

Unrealistische Ziele

Die Steigerung von ehrgeizigen Zielen sind unrealistische Ziele. In einer Leistungsgesellschaft werden durch den bestehenden oder gefühlten Druck auf bestimmte Erwartungen leider auch häufig überzogene Ziele formuliert. So sagten nach der Entdeckung der ersten Krebsgene in den 80er-Jahren einige Meinungsführer sehr schnell den eleganten Sieg der Molekularbiologie über den Krebs in den folgenden 20 Jahren voraus. Wir alle wissen, dass es ganz anders kam, trotz reichlich vorhandener Forschungsbemühungen in der ganzen Welt. Auch heute noch stellen die konventionelle Chemo- und Strahlentherapie, die sich beide enorm weiterentwickelt haben, die Basis bei den allermeisten Krebsbehandlungen dar. Vorschnelle Folgerungen auf der Basis von deutlich zu wenigen Fakten sind nicht hilfreich, insbesondere wenn sie bei Politikern und in der allgemein interessierten Bevölkerung höchste Erwartungen zeitigen. Werden diese nicht ansatzweise erfüllt, kommt es nicht nur zu Frust und Enttäuschung, sondern es wird auch das Vertrauen in die Wissenschaft erschüttert. Wie wichtig dieses Vertrauen ist, erleben wir alle in Zeiten der Corona-Pandemie, in der wir dringend auf eine jederzeit präzise und lernbereite funktionierende wissenschaftliche Begleitung angewiesen sind, um optimal durch diese große Herausforderung zu kommen.

Diffuse Ziele

Hiermit sind alle Forscher gemeint, die ihre Forschungsvorhaben bezüglich der Zielsetzung weder vor sich selbst noch vor anderen offen darstellen wollen. Ein Forschungsziel kann dabei durchaus vage und breit formuliert sein, es muss auch nicht gleich auf eine praktische Anwendung abzielen. Dennoch muss jeder Forscher zu jeder Zeit seine Forschung jedem Kollegen oder Mitbürger in dem Sinne rechtfertigen können, dass sie auf ein bestimmtes nachvollziehbares Ziel gerichtet ist.

Das soll nicht heißen, dass hier die Grundlagenforschung angegriffen wird. Nehmen wir als positives Beispiel zur Abgrenzung die *CRISPR/Cas*-Entdeckung. Hier handelt es sich um einen Mechanismus, den verschiedene Archaebakterien als zentrale Funktion zur Bekämpfung von Bakteriophagen entwickelt haben. Das Forschungsziel der bahnbrechenden Arbeiten von Emmanuelle Carpentier und Jennifer Doudna war hier über Jahre hinaus, das Abwehrprinzip solcher Bakterien zu verstehen. In der Tat haben sie den Mechanismus inzwischen sehr breit aufgeklärt. Es war nun ein kaum zu planender glücklicher Umstand, dass wir heute diese molekularbiologische Methode der Bakteriophagen als gentechnisches Werkzeug breit im Anwendungsbereich des Pflanzenschutzes und der Pharmabiotechnologie nutzen können.

Fehlende relevante Kontrollen

Horizon 2020[9)] heißt das große Forschungsförderpaket der EU, das seit 2014 aktiv ist und 2020 auslaufen soll. Schaut man in die offizielle Webseite der EU, so kommt man zügig auch zu den Evaluierungsberichten, die zu diesem Projekt existieren. Liest man diese Berichte, so findet man sehr viele statistische Zahlen zu den technischen Abläufen dieses Projektes, die in der Zwischenevaluierung des Jahres 2017 erhoben wurden. Entscheidend aber ist, dass man gar nichts darüber erfährt, was denn nun eigentlich die wirklichen relevanten Ergebnisse dieser Forschung sind. Maximal erfährt man noch, wie viel Gelder in den einzelnen Bereichen der Forschung beantragt und abgeflossen sind und die Zahl der Publikationen und Patentanmeldungen. Das sind aber keine belastbare harte Daten über die Qualität der Forschung und ihrer Ergebnisse. Offensichtlich gibt sich niemand die Mühe, die wichtigsten Projekte nach ihren Resultaten kritisch zu durchleuchten. Wenn man sich damit zufriedengibt, ob ein Forschungsproposal *high quality* ist und wie international die Beteiligung war, dann ist das bei Weitem nicht hinreichend. Zudem habe ich nicht gefunden, wie man einen *High-Quality-Antrag* eindeutig bewertet.

Sehr viel wichtiger ist aber, die großen jahrelangen Projekte nach Ablauf, oder besser bei Halbzeit, bezüglich Ergebnis und Qualität der Forschung intensiv zu analysieren. Das muss im Interesse aller Beteiligten liegen – dem Steuerzahler, der EU, den Politikern und nicht zuletzt auch den Forschern. Dabei soll dieser Prozess maximal transparent und offen sein: Schlüssig erzielte negative Ergebnisse, die mit allen Kontrollen und mehreren variablen Methoden reproduzierbar erzielt wurden, sind nämlich durchaus wichtige Erfolge, da sie die Wissenschaft weiterbringen. Dafür sollte niemand bestraft werden oder sich fürchten müssen. In der Realität werden aber Forschungsarbeiten häufig nicht nach den optimalen technischen Standards durchgeführt. Solche Projekte sind nicht förderungswürdig.

Ich kann aus eigener Erfahrung hier ein Beispiel zur Bedeutung qualitativ guter negativer Resultate berichten:
Bei meinem Promotionsthema ging es um die Proteinsequenzierung eines sehr unlöslichen Gehirnproteins. Mein Vorgänger konnte das gleiche Thema mit konventionellen Methoden in überzeugender Weise nicht lösen. Im berechtigten Vertrauen auf seine guten negativen Daten brauchte ich seine Ansätze also nicht zu wiederholen und konnte mich auf neuartige Methoden fokussieren, die dann letztendlich zum Ziel führten.
Forschung sollte also in keinem Fall vergeblich sein, weil man keine klaren Experimente geplant hat und die Ergebnisse, ob nun positiv oder negativ, nicht schlüssig sind.

Leider läuft in der Realität die Forschung nicht immer nach den höchsten Qualitätsstandards ab. Daher brauchen wir rigorose inhaltliche Kontrollen, die so weder in der EU noch in Deutschland existieren.

Forscher und ihre Schwächen

Natürlich steht und fällt die Qualität der Forschung mit der Qualität des Forschers. Das ist nicht besonders überraschend. Über den Typus Forscher, der in unserem Land gebraucht wird, ist an anderer Stelle bereits ausführlicher berichtet worden. Was sind aber die häufigsten strategischen Fehler, die Forscher begehen?

Dazu hole ich etwas aus: Während meiner aktiven Zeit habe ich meinen Mitarbeitern gerne den Rat gegeben, sich zu Beginn jedes Arbeitstages zwei Fragen zu stellen:

1. Arbeite ich noch an den richtigen Dingen?
2. Mache ich die Dinge noch richtig?

Nur wenn man bedingungslos auf beide Fragen mit *Ja* antworten kann, sollte man den Tag beginnen. Falls begründete Zweifel an der positiven Beantwortung auch nur einer dieser beiden Fragen besteht, z. B. durch neue interne und externe Erkenntnisse, sollte man handeln, indem man Hilfe sucht oder selbst etwas ändert.

Die Freiheitsgrade in der Forschung sind erfreulicherweise riesig, was den Reiz und die große Herausforderung ausmacht. Routine ist der größte Feind des Forschers. Leider klammern sich aber viele gerne an einfallslose Routineexperimente, die nach einiger Zeit kaum Erkenntnisgewinn zeitigen. Forscher verschenken viel Zeit damit, dass sie ihre lieb gewonnenen Methoden weit über das vertretbare Maß bis in die letzte Kleinigkeit deklinieren. In wenigen Situationen mag das die richtige Strategie sein, wenn es darum geht, ein gutes Forschungsergebnis zu perfektionieren. Im Alltag, z. B. der Medizinischen Chemie, habe ich das bei vielen Mitarbeitern sehr häufig als eine gängige Schutzbehauptung erlebt, um nicht über grundsätzlich neue Lösungsansätze nachdenken zu müssen. Natürlich verlangt es Mut und Kraft, die ausgetretenen experimentellen Pfade zu verlassen und neue Dinge zu tun, mit denen man sich zu Beginn nicht so vertraut fühlt und natürlich auch Anfängerfehler macht. Diese Fehler sind aber weniger schlimm als das sture Festhalten an Analoguntersuchungen, die viel sinnlose Zeit kosten.

Wenn auch die Problematik der Frage 2 weitaus häufiger ist, so ist doch die Konsequenz bei Zweifeln an der Richtigkeit des Forschungsvorhabens bei Frage 1 für den Einzelnen noch viel erschütternder. So habe ich von vielen Mitarbeitern gehört, dass sie sich die tägliche Frage nach der Sinnhaftigkeit ihrer Forschung nicht stellen wollen, denn das sei ja Sache der Vorgesetzten. Eine inakzeptable Antwort, denn von jedem Mitarbeiter wird erwartet, dass er seine Arbeit zunächst einmal vor sich selbst als sinnhaft verantworten kann. Aber es erfordert eben Mut, diesen Schritt zu gehen und dann die Kollegen und Vorgesetzten mit dem Zweifel zu konfrontieren, doch nur so wird die Chance für den Wandel zu neuen Methoden und Projekten eröffnet.

Der häufigste Fehler eines Forschers, und das gilt natürlich für Teams um so stärker, ist die mangelnde Bereitschaft, ein Projekt zu beenden oder es zumindest grundsätzlich anders durchzuführen. Bei Kritik von außen ist es viel bequemer, nach mehr Ressourcen zu schreien. Auch Forscher sind, wie die meisten Menschen, veränderungsunwillig, nur ist es eben für den Bereich *Forschung* besonders folgenreich, wenn die Mitarbeiter sich nicht ständig selbstkritisch hinterfragen und neuen Dingen eine Chance geben. Dabei gibt es jedoch keine goldene Regel, wie lange ein Projekt dauern soll, bevor man es beendet. Entscheidend ist, dass man bei wichtigen und lang andauernden Forschungszielen stetig signifikanten Erkenntnisgewinn auch im Vergleich zur Konkurrenzforschung erzielt. Nur so wird ein Festhalten an dem Projekt gerechtfertigt. Aus der verzweifelten Situation des Misserfolgs wird selten gesehen, dass die Beendigung eines Forschungsprojektes eine große Chance birgt, etwas Neues zu beginnen.

Ein weiterer häufiger Fehler in der Forschung ist der mangelnde Mut, mal etwas wirklich ganz anders zu machen. Ich erinnere mich an ein Beispiel aus der Wirkstoffforschung gegen Ende der 80er-Jahre. Thrombin ist ein zentrales Enzym aus der Gerinnungskaskade. Inhibitoren des Thrombins sind demnach Koagulationshemmer, die bei der Behandlung von Gerinnungsstörungen, wie z. B. Thrombosen, eingesetzt werden können. Nun wurde in den 80er-Jahren die Kristallstruktur des Thrombins veröffentlicht und daraus die bestmöglichen Inhibitoren konzipiert. Einige Jahre folgten ausnahmslos alle Medizinischen Chemiker den Vorschlägen der Kristallographen, die die neuen Strukturvorschläge für Inhibitoren als perfekte Passform zur Enzymtaschenstruktur konzipierten. Dies führte zwar zu passabel wirksamen Substanzen, doch leider fehlte diesen Substanzen die orale Verfügbarkeit. Erst als einige Forscher ganz neuer Wege gingen und die Vorgaben der Strukturforscher in Teilen missachteten, ergaben sich neue Wirkstofftypen, die dann auch Marktreife erlangten.

Wie bei so vielen Beispielen wurde hier Mut belohnt, den Standardpfad zu verlassen.

Mangelnde Effizienz in Forschungsteams

Forschen im Team ist etwas Großartiges und steigert den Spaßfaktor im günstigsten Fall noch mal für alle Beteiligten. Aber man sollte sich auch der Risiken und Fehlermöglichkeiten bewusst sein, wenn man einem Team angehört, leitet oder Verantwortung dafür trägt. Im vorderen Teil des Buches ist bereits die Produktivität von Forschungsteams ausführlich behandelt worden. Wo liegen aber die potenziellen Schwachstellen von Teamstrukturen?

Dazu muss man in der Tat etwas genauer hinschauen. Zunächst einmal könnte man ja auf den Gedanken kommen, dass es an der Harmonie mangelt und man das Team nur oft genug zur Teamentwicklung schicken muss, möglichst mit einem teuren externen Coach, dann wird das Team schon bessere Ergebnisse zeitigen, insbesondere wenn man unbequeme Mitarbeiter auf die größtmögliche Harmonie einstimmt oder sie eventuell auch entfernt. Aber so einfach liegen die Dinge nicht. Es gibt keine gute Korrelation zwischen Teamharmonie und Erfolg. Am ehesten gilt das noch für Entwicklungsteams, wo die Arbeitspakete gut planbar sind und abgearbeitet werden müssen.

Meiner Erfahrung nach ist der größte Fehler im Team die mangelnde Streitbereitschaft. Intensive konstruktive Auseinandersetzung unter Wahrung des Respekts aller Teammitglieder ist die bestmögliche Garantie für optimale Qualität im Team. Das ist natürlich nicht ganz ohne Risiko, da im Eifer des Gefechts schon mal ein Teammitglied persönlich angegriffen werden kann. Ist man sich dieser Gefahr aber bewusst, kann man eventuelle verbale Entgleisungen durch nachträgliche Aussprachen oder Entschuldigungen wieder korrigieren.

Die positiven Auswirkungen sehr offener Diskussionen mit gehaltvoller positiver wie negativer Kritik sind unschätzbar für die Qualität der Ideen, die ein Team hervorbringen kann. In jedem Fall ist ein solches Team einem harmoniesüchtigen vorzuziehen, in dem sich niemand so richtig traut, Kritik und Selbstkritik offen zu formulieren. Ich bin mir bewusst, dass diese Analyse sicher nicht von allen Lesern geteilt wird, aber in meinem Berufsleben haben die erfolgreichsten Teams häufig stark gestritten. Es ist die Aufgabe des Teamleiters sicherzustellen, dass der Kessel immer brodelt, aber nicht auseinanderfliegt. Ich bekenne an dieser Stelle, dass ich auch in wenigen Fällen im Nachhinein bei einigen Teammitgliedern für den falschen Ton um Entschuldigung bitten musste. Hat man aber ein sehr transparentes, ehrliches respektvolles Verhältnis miteinander, dann kann man sich auch derartige Situationen, die natürlich nicht vorkommen sollten, verzeihen.

Effizienzmindernd sind auch zu ähnlich besetzte Teams. Dies gilt sowohl für die Persönlichkeiten und Verhaltensweisen als auch für die fachliche Interdisziplinarität. Ebenso sollten die typischen bekannten Fehler für Teams auch in der Forschung nicht gemacht werden, z. B. eine personelle Überbesetzung oder fehlende Kompetenzzuweisung für die Teammitglieder.

Es kann nicht oft genug betont werden, dass kreative Forschungsteams ausreichend Freiraum brauchen, den sie allerdings verantwortlich nutzen müssen. Der Freiraum und die Flexibilität im Vergleich zu Entwicklungsteams hat deutlich größer zu sein. Nur so gibt es auch die Chance auf ungewöhnlich kreative Lösungen.

Verbesserungspotenziale in der akademischen und nicht kommerziellen Forschung

Unter *akademische Forschung in Deutschland* seien hier der Einfachheit die Aktivitäten zusammengefasst, die nicht in kommerziellen Organisationen stattfinden. Dazu gehören neben der Forschung an den Universitäten und Fachhochschulen auch die *Max-Planck-Institute*, die *Fraunhofer-* und *Helmholtzgesellschaft* sowie die Bundes-und Landesforschungsanstalten für verschiedene Fachrichtungen. In der Tat kommt dieser wichtige Teil der Forschung auf insgesamt über 1000 verschiedene Einrichtungen, die weit über das Land verteilt sind. Die beiden zentralen Aufgaben dieser Forschungseinrichtungen sind die Ausbildung der Wissenschaftler und die Sicherstellung der Qualität in der Grundlagenforschung sowie der präkompetitiven Anwendungsforschung.
Es geht mir hier nicht um eine umfassende Analyse der deutschen akademischen Forschungslandschaft. Ich möchte mich auf einige

kritische Beobachtungen aus der Erfahrung und Sicht eines Industrieforschers beschränken. Folgende Punkte erscheinen mir auf der Ebene der einzelnen Institute verbesserungsfähig:

Da ist zunächst die sorgfältige Auswahl der Forschungsthemen eines Instituts, Arbeitskreises oder Lehrstuhls nach möglichst transparenten Kriterien. Auch die Berufungen der geeigneten Kandidaten auf die Dozentenstellen sind nicht immer eindeutig nachvollziehbar. Ein sehr guter Hochschullehrer sollte

- ein klar umrissenes relevantes Forschungsfeld mitbringen,
- internationales Niveau in seinem Spezialgebiet nachweisen,
- interdisziplinär gut vernetzt sein,
- offen sein für Kooperationen in die nicht kommerzielle und kommerzielle Forschung,
- professionelle Lehrveranstaltungen abhalten können.

Aber an deutschen Hochschulen gibt es immer noch zu viele Dozenten, die gerne einen Zaun um ihr kleines Forschungsgebiet bauen und ein Schild *Bitte nicht stören* dranhängen wollen.

Am Beispiel meines Werdegangs möchte ich über die positiven Effekte berichten, wie eine professionelle Ausbildung für den weiteren Weg eines Forschers bestimmend sein kann:

Nach meinem Chemiestudium schloss ich mich 1980 dem Arbeitskreis von Prof. Wilhelm Stoffel am *Physiologischen Institut* der Universität Köln an. W. Stoffel ist promovierter Mediziner und Chemiker und war dank seiner Ausbildung multidisziplinär ausgebildet und in der Lage, wesentliche Disziplinen der molekularen Medizin zu denken. Er verfolgte schwierige, aber relevante, ambitionierte Forschungsziele, die er mit einem interdisziplinären Team von Chemikern, Biologen, Medizinern und Pharmakologen zu erreichen versuchte. Dabei war er nicht nur vorbildlich als engagierter Forscher, sondern auch als fordernder Lehrer und Organisator für die Bereitstellung der essenziellen Forschungsmittel. Als seine Mitarbeiter bekamen wir anspruchsvolle Forschungsthemen, aber auch jede Unterstützung, die er dazu liefern konnte. Es entstand eine faszinierende Arbeitskultur, in der Naturwissenschaftler und Mediziner sich über verschiedene Themen stetig austauschten und voneinander lernten. Wir lernten, Niederlagen einzustecken, aber auch mutig zu sein und völlig neue Methoden zu probieren. Die Willigkeit, stets die erfolgversprechendsten Methoden zu implementieren, wurden vom Lehrstuhlinhaber persönlich vorgelebt. Dank diesem Ausbildungsabschnitt habe ich in meinen folgenden 30 Jahren immer einen gefühlten Vorsprung vor vielen Kollegen gehabt, die eine sehr enge, nur chemiebezogene Ausbildung während der Promotion erlebt hatten. Das ist so wichtig, weil letztlich der Mut entscheidend ist, wirklich übergreifend schwierige Dinge anzugehen, die sowohl in die Chemie, Biologie und Medizin hineinspielen. Diesen Mut und das dazu nötige Selbstvertrauen erwirbt man nur im Umfeld eines ehrgeizigen interdisziplinären Umfeldes. Nur dann traut man sich auch, in angrenzenden Fachgebieten zu denken, mit zu diskutieren und zu gestalten. Meine Ziele, Motivation und Fähigkeiten in der späteren Pharmaforschung als *Drug Hunter* habe ich aus dieser Zeit gewonnen, als es darum ging, wirklich große neue Dinge in der Forschung zu erreichen.

Leider haben nicht alle das Glück, während der Promotion ein so vielversprechendes reichhaltiges Umfeld vorzufinden. Die mangelnde inhaltliche und experimentelle Enge mancher frisch promovierten Naturwissenschaftler resultiert aus dem Spezialistentum mancher Arbeitskreise. Methodisch experimentelle Spezialisierung ist für junge Forscher durchaus wichtig, um eine Kernexpertise für eine spätere Tätigkeit mitzubringen. Leider verstehen viele Ausbilder und junge Forscher dies aber auch als den Ausstieg aus dem übergeordneten wissenschaftlichen Denken. Das ist fatal, denn in den meisten Forschungsfeldern brauchen wir Naturwissenschaftler, die jederzeit bereit sind, auch über den eigenen Expertisebereich hinaus zu denken.

Auf der koordinativen Ebene des Bundes und des Landes gibt es sicher sehr viele Möglichkeiten, die Steuerung komplexer Forschungsfelder zu verbessern und Redundanzen zu minimieren. Ebenso sollte man auf die Nutzung von methodischen und inhaltlichen Synergien von Forschungsfeldern großen Wert legen. Die Bildung von Exzellenzclustern ist ein Schritt in die richtige Richtung. Deutliche Lücken gibt es bei der Kontrolle der Forschung. Hier gilt im Wesentlichen, was bereits am Beispiel der EU-Fördertöpfe ausgeführt wurde.

Hemmnisse industrieller Forschung in Großunternehmen

Als ich aus der akademischen Forschung kam und bei der *BASF* eingestellt wurde, hatte ich geglaubt, dass kommerzielle Forschung auch immer mit großer Effizienz einhergehen müsse. Ich merkte sehr schnell, dass dies in der Tat für das Forschungsbudget zutrifft. So hält man sich nicht unnötig mit einer *kostengünstigen* eigenen Herstellung eventuell teurer Einsatzstoffe oder Gerätschaften auf, vielmehr lernt man, dass die Arbeitszeit in einem Großunternehmen mit Abstand der teuerste Posten ist und man gut daran tut, seine eigene Zeit und die der Mitarbeiter nur für die finalen Experimente einzusetzen. Das war besonders für Kollegen, die mit sehr kleinem Forschungsbudget ihre akademische Forschung bestreiten mussten, eine wohltuende Erfahrung. Ebenso wurde das Teamwork sehr groß geschrieben und gemeinsame Forschungsziele nicht nur formuliert, sondern auch gelebt. Man sprach offen über seine Forschung und bekam von jedem Kollegen zu jeder Zeit sehr gute Hilfestellung.

Große Unternehmen haben weitere unschätzbare Vorteile gegenüber kleinen Forschungsinstituten. Da ist zunächst die fast perfekte Infrastruktur. Die Abläufe sind geregelt, Zuständigkeiten sind geklärt. Man muss sich nicht um organisatorische Kleinigkeiten kümmern, sondern kann sich den wirklichen Forschungsfragen widmen. Weiterhin stehen einem exzellent ausgebildete und fähige Mitarbeiter zur Seite.

Fast unglaublich war es für mich, zu erleben, dass es in der Firma eine fast unvorstellbare Breite in der Kompetenz und Expertise gab. Zu jedem Thema der Chemie und zu jeder Spezialmethode gab es mindestens einen Experten, den man fragen konnte. Wenn man es geschickt anstellte, konnte man jederzeit kleinere experimentelle Kooperationen und Hilfe selbst organisieren. Das ist in dieser Breite und Tiefe natürlich nicht in kleineren staatlichen Forschungseinrichtungen und Biotech-Unternehmen zu erwarten.

Kurzum, wie viele andere Kollegen auch, genossen wir die fast idealen Forschungsbedingungen, zumal wir auch in diesen späten 80er-Jahren von einer großzügigen Forschungsleitung der Biotechnologie *BASF* profitierten. Eigentlich habe ich es dann über 35 Jahre lang immer ähnlich erlebt, obwohl ich in meinem späteren Berufsleben für amerikanische Pharmaunternehmen forschte.

Man kann also durchaus verallgemeinernd sagen, dass große Unternehmen aufgrund ihrer Größe, Kompetenz und Infrastruktur deutliche Wettbewerbsvorteile haben sollten. Und doch gibt es erhebliche Bremsen, die die Effizienz der Forschung mächtig stören und verlangsamen. Hauptgrund ist die Komplexität der Organisation. Solange man in seiner kleinen, überschaubaren Forschungseinheit seine Ergebnisse vorantreiben will, funktioniert das meist reibungslos. Geht aber ein erfolgreich anlaufendes Projekt in komplexere Forschungs- oder gar Entwicklungsphasen über, so gibt es schnell sehr viel Abstimmungsbedarf mit anderen Organisationseinheiten. Jeder, der Jahrzehnte lang in Großunternehmen geforscht hat weiß, dass sich in dieser Phase sehr schnell Probleme einstellen. Man hat dann nicht mehr den Fortschritt seines Projektes überschaubar in der Hand, sondern es durchläuft nun einen formalen Entscheidungsprozess in einer großen Organisation. Hier kann sehr viel passieren; es gibt von sehr vielen anderen Forschungseinheiten und Entscheidungsträgern unzählige Partikularinteressen, Befindlichkeiten und Prioritätsunstimmigkeiten. Die Beispiele dazu könnten Bände füllen. Kurzum, an dieser Stelle kommt der Sand ins Getriebe, der den riesigen Anfangsvorsprung der Großunternehmen gegenüber kleinen Tech-Unternehmen wieder fast vollständig zunichtemachen kann. Die Großunternehmungen sind sich dieser Problematik bewusst und ändern aus Verzweiflung darüber ständig ihre Organisationsform. Leider hilft das wenig, da dieselben Menschen wieder zusammenarbeiten und es letztlich darauf ankommt, dass möglichst alle selbstlos, qualitätsbewusst, transparent und ehrlich nachvollziehbar fair auf der Basis einer gemeinsamen Agenda miteinander umgehen. Diese glückliche Konstellation gab es in meinem Berufsleben sehr selten. Die daraus resultierenden Fehlschläge und entscheidungen haben den Erfolg einige meiner Forschungsprojekte verhindert.

Unzählige Gespräche mit Kollegen auch aus einigen anderen großen Unternehmen haben diesen zentralen Punkt immer wieder bestätigt: die Vernichtung exzellenter Forschungsansätze durch Abstimmungsprobleme in den komplexen Strukturen des Konzerns. Nun könnte man mir entgegenhalten, dass ich mich in diesen schwierigen Situationen einfach hätte durchsetzen müssen. Ich möchte diesem Argument nicht ausweichen, aber zur Verdeutlichung der Problematik auf die gängigen Machtverhältnisse im Unternehmen hinweisen. Dazu möchte ich ein kleines Beispiele aus meinem Berufsleben berichten: Als ich in einem Forschungsprojekt einmal gehörig unter Termindruck geriet, wollte ich die Herstellung eines Pharmaproteins durch eine priorisierte Bestellung eines Einsatzstoffes beschleunigen. Ich bekam dazu einen wertvollen Tipp eines älteren Kollegen, gegenüber der Einkaufsabteilung keinesfalls von einem *Forschungsprojekt* sondern besser von einem *essentiellen Marktprodukt* zu sprechen. Das hat funktioniert und ich hatte gelernt, dass Forschung aus Sicht der allermeisten Mitarbeiter im Großunternehmen immer letzte Priorität im Unternehmen hat.

Leider ist die Forschung oft auch nicht mit ausreichendem Einfluss im Vorstand der Unternehmen ausgestattet. Ich habe es einige Male erlebt, dass Marketingabteilungen die Potenziale unserer neuen Wirkstoffe sehr falsch eingeschätzt hatten. Nur wenige Mitarbeiter des Marketings hatten verstanden, dass ihre Marketinginstrumente nur für inkrementale Produktverbesserungen griffen. Die Pseudo-Innovation der neu gestylten Shampooflasche ist dagegen sehr gut vorhersehbar. Nur bringen uns solche *Fortschritte* nicht bei der Lösung unserer wichtigen Probleme weiter, sondern lenken nur ab.

Wir können dieses Kapitel nicht verlassen, ohne über eine weitere in den letzten Jahren sehr stark zunehmende Last in der großindustriellen Forschung zu sprechen. Es geht um die zunehmende Bürokratisierung und Formalisierung von Forschungsprozessen.

Die Planung und Formalisierung von Vorgängen ist natürlich zunächst mal etwas Gutes. So sind organisatorische Methoden wie *Lean Six Sigma* bei der Erstellung und Abwicklung klar strukturierter Entwicklungsprojekte eine große Hilfe. Ein Projektleiter eines wichtigen und komplexen Entwicklungsprojektes muss strukturiert sein und alles tun, um seine Qualitäts- und Zeitziele einzuhalten.

Die Forschung hingegen braucht Freiraum und Flexibilität. Ethikabteilungen haben heute in jedem Unternehmen ein berechtigtes Dasein. Gerade in Pharmaunternehmen galt es, Missstände der vergangenen Jahrzehnte bezüglich des Umgangs mit Ärzten und Klinikern aufzudecken und Transparenz mit neuen strengen Regeln herzustellen. Dabei sind jedoch z. T. bürokratische Monster entstanden, die die Forscher von ihren eigentlichen Kernaufgaben abhalten. Verbunden mit den entsprechenden Drohungen aus den Zentralabteilungen hat das zu regelrechten Lähmungserscheinungen bei vielen Forschern geführt und Zahl und Qualität der Ergebnisse deutlich gemindert.

In der konkreten Praxis wurden in den letzten Jahren kleinere Pilotexperimente nicht mehr durchgeführt, wenn ihre formale Genehmigung und Vorbereitung zu aufwendig erschien. Insbesondere der Zugang zu biologischen Proben, ob humanen Ursprungs oder aus Tierspezies, verlangte zunehmend großen organisatorischen Vorlauf. Viele Kollegen fühlten sich bevormundet und wir verbrachten zudem überproportional viel Zeit damit, die Formalismen interner und externer Regularien zu lernen und zu leben. Diese Zeit fehlte nicht nur für die experimentelle Forschung, sie lähmte auch unseren Forschergeist.

Hier besteht Handlungsbedarf seitens der Firmen und des Gesetzgebers, wobei nicht gemeint ist, dass Forscher sich nicht an die ethischen Regeln halten sollen.

Forschungsförderung nach Proporz und Gießkannenprinzip

Wer bekommt eigentlich welche Förderung für seine Forschung und nach welchen Kriterien? Wer entscheidet darüber? Übergeordnet legen in unserem föderalistischen System Bund und Länder die Rahmenbedingungen für die Themen und die Budgets fest. Diese Budgets werden dann von den Ländern heruntergebrochen auf die Hochschulen. Das ist im Prinzip nicht zu kritisieren, insbesondere wenn man vergleichbare Ausbildungsbedingungen für alle Studenten ermöglichen will.

Die wirklich großen Themen werden größtenteils über das Bundesministerium für Bildung und Forschung (BMBF) oder die EU finanziert. Hierzu gehören auch Verbundprojekte zwischen Universitäten, Großforschungseinrichtungen sowie kleineren und größeren Firmen. Das Prinzip der Förderung ist in allen Fällen ähnlich. Ein Forschungsprojekt kann beim Projektträger, also dem BMBF oder der EU beantragt werden. Falls es inhaltlich dem Projektrahmen entspricht, wird es einem Expertengremium vorgelegt, das eine Empfehlung ausspricht. Fast immer entscheidet der Träger dann auf Basis dieser Empfehlung. Es kommt also auf die Experten an. Als solcher wird man in diese Kommission berufen und entscheidet de facto über die Verteilung der Gelder. Das verleiht sehr großen Einfluss und gibt detaillierten Einblick in die Forschungslandschaft. Jeder neue Forscher muss sich demzufolge geschickt in das bestehende Gefüge der Hochschullehrer einfügen und ihre bestehenden Sichtweisen des Forschungsgebietes bei seinen Anträgen berücksichtigen. Dieses Expertensystem *normiert* also und macht es schwierig für Außenseiter, sich attraktive Förderanteile zu sichern.

Es ist für einen ambitionierten Forscher also essenziell, sich einen anerkannten Status unter den etablierten Experten zu sichern. Zu dem inneren Kreis der anerkannten Top-20-Experten zu gehören, öffnet alle Türen, um den Einfluss auch außerhalb des Arbeitskreises zu sichern. Dazu gehört, internationale Konferenzen mit zu organisieren und die wichtigen Sessionen zu konzipieren und zu leiten. Man ist dann nicht nur bei den Fördergremien gefragt, sondern auch bei den Top-Journalen, um dort als Editor die wissenschaftliche Richtung mit zu beeinflussen.

Wie kommt man nun dorthin? Neben einer guten Forschung, die man auch entsprechend publizieren kann, bedarf es eines Mentors, der einem dabei behilflich ist, Zugang zu diesem Kreis zu erhalten.

Das Publikationssystem: Karriere vor Wissenschaft?

Wissenschaftliche Publikationen sind unbestritten essenziell seit Beginn der Wissenschaft und dokumentieren Ergebnisse und Hypothesen. Ohne klare nachvollziehbare Publikationen ist ein Arbeitsgebiet nicht lebensfähig. Es soll auch nicht darüber diskutiert werden, dass das Prinzip des *Peer Reviewing*, also die kritische Evaluierung und letztlich auch die Bewertung der Publikationswürdigkeit von Fachkollegen sicher alternativlos ist, um die Qualität der Publikationen zu gewährleisten. Aber es lohnt sich, dieses Publikationssystem auch mal kritisch zu beleuchten. Beobachtet man in einem Arbeitsgebiet, was und wie über 20–30 Jahre publiziert wird, ist man erstaunt: Wir stellen eine starke Selektion für positive Daten fest, die nicht selten unreproduzierbar sind. Gute negative Daten werden so gut wie nicht publiziert.

Der Heilige Gral: Die Zeitschriftenbewertung

Die Diskussion zu diesem Thema soll sich aufgrund meiner einge-
schränkten Kenntnis anderer Wissenschaftsgebiete auf den Bereich
Lebenswissenschaften beschränken:
Schon als junger Wissenschaftler lernt man die Hierarchie der
Journale, angeführt von *Nature* und *Science*, kennen, also die Rang-
liste, nach der sich die Bedeutung des wissenschaftlichen Beitrages
bemessen lassen soll. Unzählige Male während meines Berufsle-
bens habe ich die bewundernde Bemerkung *Der hat eine Publikation in Nature* gehört – immer wenn die Argumente ausgingen und
es darum ging, den letzten Trumpf auszuspielen, sei es bei Bewer-
bern, Beratern oder ähnlichen Anlässen. Der Rang beruht dann im
Wesentlichen auf der Häufigkeit der Zitationen der Artikel des
Journals. In den letzten Jahrzehnten sind immer wieder erweiterte
und modifizierte Kriterien dazugekommen, die das Prinzip der
Mehrheitsfähigkeit von Publikationen abbilden.
Ein häufig genanntes Karriereziel für jüngere Wissenschaftler besteht darin, eine Publikation in einem möglichst hochrangigen
Journal zu platzieren. Es besteht also eine maximale Motivation, in
einem solchen Journal mit einem hohen Zitationsindex oder hohem
Impact factor zu publizieren. Nicht selten werden danach die Strategien der Arbeiten ausgerichtet. Es geht darum, die Daten publika-
tionsfähig zu machen. Negative oder nicht erklärbare Resultate sind
schwer zu publizieren, also versucht man, mit möglichst glatten
Ergebnissen in dem einzureichenden Artikel aufzuwarten. Dadurch
werden schwierige Fragen der Reviewer vermieden und die Wahrscheinlichkeit der Annahme zur Publikation steigt.
Leider wird für die Abfassung einer Publikation in einem erstrangi-
gen Journal nicht selten mehr investiert als in die Experimente
selbst. Wir werden das Thema noch mal aufnehmen, wenn es um
Betrug in der Forschung geht.

In der Summe werden also positive Daten deutlich überproportional gegenüber klaren negativen Resultaten publiziert. Das ist fatal, weil es zu einem verzerrten Bild der Wissenschaft mit erheblichen Konsequenzen führen kann.

Ich will zur Illustration der Problematik ein Thema aus meiner eigenen Forschung nennen, über das ich an anderer Stelle schon mal gesprochen hatte. Es geht um die Beta-Amyloid-Oligomere bei der Alzheimerschen Erkrankung als frühe neurotoxische Spezies. Für die klinische Forschung ist es entscheidend, dass man diese Spezies möglichst in Körperflüssigkeiten als sogenannter *Biomarker* robust nachweisen kann, um ihre Veränderung als gewünschte Folge einer Therapie verfolgen zu können. Da meine Arbeitsgruppe bereits sehr früh derartige Antigene zur Erzeugung therapeutischer Antikörper konzipiert und hergestellt hatte, waren wir natürlich auch an diesem Thema interessiert. Wir arbeiteten daher viele Jahre hart an allen technisch möglichen Methoden und fanden, dass die Beta-Amyloid-Oligomere in Körperflüssigkeiten wie Liquor oder Blut mit allen versuchten Methoden unterhalb der Nachweisgrenzen lagen und damit nicht nachweisbar waren. Dieses Ergebnis hat uns selbst nicht gefallen, verhinderte es doch lange die technische Entwicklung einer Anti-Beta-Amyloid-Oligomer-Therapie bei dieser Erkrankung. Wir haben es natürlich auch nicht publiziert, weil ca. fünf andere Forschergruppen den positiven Nachweis der Beta-Amyloid-Oligomere in Körperflüssigkeiten publiziert hatten. Sprach man jedoch mit anderen Kollegen bei Tagungen über die Reproduzierbarkeit dieser *Ergebnisse,* so erfuhr man, dass auch andere diese positiven Daten nicht reproduzieren konnten. Diese Situation war für uns tragisch, da sie uns als Wissenschaftler zunächst als unfähig erscheinen ließ. Als man Jahre später trotz der Publikationen merkte, dass es keine Fortschritte in der Messung von Beta-Amyloid-Oligomeren in Körperflüssigkeiten gab, fiel das gesamte Arbeitsgebiet in Ungnade. – Solche nicht reproduzierbare Publikationen helfen nur den Autoren, aber nicht der Wissenschaft. Das Publikationssystem bestraft allerdings solche Publikationen oder deren Autoren nicht. Im Gegenteil: Hat man möglichst viele Zitationen seiner Publikation in einem hoch angesehenen Journal, dann steigt man z. B. im bekanntesten Publikationssystem des *National Instituts of Health* (NIH), dem *PubMed*, im Ranking der Publikation. Belohnt werden hier z. B. in der Best-Match-Funktion solche Artikel, die möglichst häufig zitierte Paper in der Referenzliste haben. Man schaut also, ob jemand im Trend mit der gängigen Meinung ist. Auch Big-Data-Strategien zur Bewertung von neuen Arbeitsgebieten folgen solchen Scoring-Funktionen. Minderheitsmeinungen werden einfach aussortiert. So präferieren selbst Computerauswertungen solche Beiträge, die im Trend der Literatur-Meinung zu einem Thema liegen. Dieser Zwang zum Konsens, der häufig auch durch die Prüfer zusätzlich verstärkt wird, führt zur Diskriminierung oder zumindest zur Verwässerung von wirklich konträren Forschungsergebnissen.

Während meiner beruflichen Tätigkeit habe ich einzelne hoch angesehene Forscher aus der Top-Meinungsmachergruppe erlebt, die konträre Ergebnisse nur bei ihnen genehmen Journalen und Autoren zur Kenntnis genommen haben. Das ist hochgradig unprofessionell, aber gängige Praxis, die so auch den jungen wissenschaftlichen Mitarbeitern leider auch vorgelebt wird.

Fehler und Betrug in der Forschung

Dieses Publikationssystem, das nur auf positive Daten und den dazugehörigen Helden wartet, ist natürlich anfällig für Manipulation jeder Art. Die Plagiatsforschung ist dabei wohl recht bekannt. Aber die unkenntliche Wiederholung von Daten zwecks Erlangung wissenschaftlicher Grade ist zwar ethisch verwerflich, aber nicht mal die schädlichste Art aus Sicht der Wissenschaft. Folgenreicher sind die häufigeren kleinen und großen bewussten und unbewussten Verfälschungen, die geschätzt mehr als 50 Prozent aller wissenschaftlichen Publikationen erfahren.

Nahezu jeder erfahrene Wissenschaftler hat schon mal versucht, eine publizierte Arbeit ohne Erfolg nachzuarbeiten. Zunächst sucht man natürlich den Fehler bei sich selbst. Erfährt man dann von anderen erfolglosen Nacharbeitsversuchen, nährt sich der Verdacht, dass da betrogen wurde. Nicht nur in den Biowissenschaften gibt es dazu prominente Beispiele, die in der Szene bekannt sind. Leider werden diese nicht seltenen Fälle bei Bekanntwerden in größerem Kreis nicht schonungslos aufgedeckt, sondern man schmunzelt darüber und teilt sich hinter vorgehaltener Hand mit, dass die Arbeiten wohl nicht reproduzierbar seien. Diese Beispiele gehen durch alle Journale und betreffen sowohl die vermeintlich *ganz Großen* in der Szene, als auch junge aufstrebende Wissenschaftler.

Das Nacharbeiten ist nicht nur sehr zeitaufwendig und teuer, es lenkt auch die Wissenschaft in die falsche Richtung und führt nach Bekanntwerden zu einem Flurschaden, bei dem auch ehrliche Wissenschaftler am Ende davon betroffen sind, dass ihr Arbeitsgebiet dadurch zerstört wird. Die Wissenschaft selber ist natürlich am meisten geschädigt.

Die Rolle der Top-Experten

In jeder Teildisziplin der Wissenschaften gibt es ihn, den kleinen Kreis der vermeintlichen *Superexperten*, die das Arbeitsgebiet in allen Aspekten nach außen möglichst einheitlich vertreten. Sie dominieren alles, was es in der Szene zu lenken und zu entscheiden gibt: die Besetzung der Editoren in den Top-Journalen, die Auswahl der wichtigsten Vorträge bei den relevantesten Konferenzen und die Beratergremien bei den internationalen und nationalen Förderprogrammen. Sie beraten die Pharma- und Technologiefirmen, die Börsengurus, die Politiker und die Öffentlichkeit. Und es sind natürlich immer dieselben Wissenschaftler in diesen verschiedenen Funktionen, die natürlich nicht voneinander unabhängig sind. So entsteht ein enges Geflecht von nicht unabhängigen Wissenschaftsmachern, die sehr schädlich für eine wirklich freie Wissenschaft in breiter und diverser Qualität sind. Alternative Meinungen und kontroverse Diskussionen werden häufig im Ansatz nicht gefördert, es werden weder Raum noch Geld für alternative Experimente und Hypothesen gewährt.

In allen großen Firmen ist es Routine, dass die Projekte der Forschung den *Superexperten* regelmäßig in einer ein- bis zweitägigen Veranstaltung der Forschung in Gegenwart der hochrangigen Führungskräfte ca. einmal im Jahr vorgestellt werden. Diese Veranstaltungen werden mit erheblichem Aufwand vorbereitet und die Resonanz dieser Koryphäen sind für die Top-Manager der Firma extrem bedeutsam im Hinblick auf das weitere Vorgehen in der Forschung des Arbeitsgebietes. In der Realität konnten wir Forscher die Reaktionen fast immer vorhersehen. Das ist auch nicht überraschend, wenn man einerseits den Hintergrund der Experten kennt und andererseits natürlich selbst viel tiefer in der Materie des Projektes steckt, also eine höhere Beurteilungskompetenz hat. Ich persönlich kann mich an keine dieser Veranstaltungen erinnern, die uns entscheidende neue Erkenntnisse für unsere weitere Forschungsstrategie gebracht hätte.

Probleme an der Schnittstelle Forschung/Entwicklung

In den meisten Firmen heißt es einfach *F&E-Abteilung* – es werden also Forschung und Entwicklung in einem Atemzug genannt. Das klingt harmonisch und lässt für den Außenstehenden darauf schließen, dass diese Einheit aus einem Guss ist und ein fließender Übergang zwischen der vorangehenden Forschung und der nachfolgenden Entwicklung besteht. Aus Sicht des Vorstandes, der Marketing- und Verkaufsabteilung sollte hier eine Einheit sein, die in ihrer Gesamtheit maximal produktiv ist.

Aber dies ist zumindest in größeren Firmen, bei denen sowohl kritische Massen in der Forschung als auch der Entwicklung bestehen, nicht so ohne Weiteres der Fall. Und das liegt in der Natur der Sache: Die Entwicklungsabteilung hat in Anzahl, Größe und Zeithorizont klare Vorgaben und Erwartungen an ihre Projekte. Sie setzt auf eine hohe Erfolgsquote bei bewährter Aufgabenverteilung an die Spezialisten in den einzelnen Facheinheiten, die gemeinsam von einer professionellen Projektleitung streng begleitet werden. Man möchte in der Entwicklung möglichst sichere Erfolgskandidaten in den Netzplan aufnehmen. Die Entwicklungsabteilung wird danach beurteilt, wie erfolgreich sie kostengünstig möglichst viele Projekte schnell abschließen kann. – Ganz anders in der Forschung: In einer ambitionierten Forschungsabteilung will man die beste Innovation im Sinne des größten relevanten Fortschritts voranbringen.

Die gemeinsame F&E-Leitung hat hier also durchaus Konfliktpotenzial in ihren Entscheidungen über die Prioritäten der Projekte.

In der Praxis treffen oft die neuen, vermeintlich besseren Projekte der Forschung auf die schon laufenden Entwicklungsprojekte. Soll man bei fixem F&E-Budget ein einlaufendes, evtl. nicht ganz optimales Projekt, das in zwei Jahren auf den Markt kommen könnte, zugunsten eines großen Hoffnungsträgers opfern, der aber vielleicht noch fünf Jahre braucht und noch mehr Entwicklungsrisiken trägt? Da braucht es Mut, eine solche Entscheidung zu treffen.

Mangelnde Umsetzung von F&E-Ergebnissen

Die Effizienz einer F&E-Abteilung kann letztlich nur so gut wie seine Umsetzung in ein Produkt sein. Dazu bedarf es der Überzeugung der Marketing- und Produktionsabteilungen sowie natürlich der Chefetage.

Ähnlich wie die Entscheidung, Forschungsprojekte in die Entwicklung zu nehmen, ist natürlich auch die finale Entscheidung, ein neues Produkt in den Markt zu nehmen, schwierig. Nicht selten werden selbst marktreife Entwicklungen in ihrer kommerziellem Bedeutung nicht richtig eingeschätzt. So gab es z. B. nach der Erfindung der TNF-Inhibitoren *Humira® und Enbrel®* als potente Arzneimittel zur Behandlung rheumatischer Erkrankungen durchaus die Meinung in den Marketingabteilungen, dass diese Medikamente, gemessen an dem hohen Preis, wohl nicht mit den bereits auf dem Markt befindlichen billigen, aber recht wenig wirksamen und mit größeren Nebenwirkungen behafteten Standardpräparaten wie *Dichlofenac* oder *Methrotrexat* mithalten könnten. Dies war eine fatale Fehleinschätzung, die zeigt, dass relevante Innovation nicht nur von einem Forschungsergebnis abhängig ist.

Ein anderer häufiger Fall in der Wirkstoffforschung ist die Findung der richtigen Krankheit für eine neu entdeckte Wirkstoffklasse.

Dazu muss man wissen, dass die Pharmaforschung molekular ausgerichtet ist und oft nur das zellbiologische Prinzip profilieren kann. Das prominenteste Beispiel ist die Entdeckung der richtigen Indikation für den Wirkstoff *Sildenafil*, besser bekannt als *Viagra*. Im Falle von *Sildenafil* hatten die Forscher von *Pfizer* richtig erkannt, dass es sich um ein Blutdruck senkendes Prinzip durch Weitstellung der Blutgefäße handelt. Die Organpräferenz des männlichen Gliedes wurde bei den ersten klinischen Prüfungen an männlichen Probanden aber rein zufällig entdeckt und führte dann überraschenderweise zu einem Medikament zur Behandlung der erektilen Dysfunktion. Wir erinnern uns, dass auch Anti-TNF-Wirkstoffe nicht gleich für die richtige Indikation entwickelt wurden. Ich könnte hier eine Handvoll weiterer Beispiele für neue pharmakologische Wirkprinzipien nennen, wo mit Sicherheit nicht die richtige Einstiegsindikation gewählt wurde. In diesen nicht so glücklich ausgegangen Projekten waren die Motive für die Auswahl der Krankheiten nicht streng nach den vorliegenden Forschungsergebnissen gewählt, sondern stark an den Wünschen des Marketings ausgerichtet. In diesen Fällen wurde das große Entwicklungspotenzial von sehr innovativen Substanzen zerstört, weil das biologische Prinzip nicht sorgfältig und behutsam in logischen kleinen Schritten in die klinische Forschung übertragen wurde.

Verallgemeinert lautet die Problematik, dass andere Fachabteilungen außerhalb der Forschung sich nicht genügend auf die Forschung zu bewegen und versuchen, intermediäre projektspezifische Entwicklungsschritte auszuarbeiten. Viel zu oft werden Schema-F-Entwicklungskriterien aufgestellt. Wenn diese von Beginn an nicht vollständig erfüllt sind, wird das Projekt fallengelassen.

Aus Sicht der Leitung eines Unternehmens ist die Einlizensierung von Entwicklungsprojekten eine attraktive Alternative oder Ergänzung zu den hauseigenen Entwicklungen. Ich habe es einige Male erlebt, dass parallel zu hervorragenden internen Projektentwicklungen minderwertige oder maximal gleichwertige Produktideen einlizensiert wurden. Es ist durchaus menschlich, dass das Spielzeug des anderen immer schöner aussieht als das eigene, das wirft aber kein gutes Licht auf das Verhältnis der verschiedenen Organisationsbereiche in einem Unternehmen. Man kann solche Aktionen nur damit erklären, dass der eigenen Forschung nicht vertraut wird oder, schlimmer noch, dass man sich nicht in gleicher Weise professionell mit den eigenen Daten auseinandersetzen will. Die Folgen solcher Aktionen sind nicht nur ökonomisch schädlich, sie treiben einen tiefen Keil in das Vertrauensverhältnis der F&E-Abteilungen mit den Entscheidungsträgern und der Lizenzabteilung.

Interessanterweise war ich persönlich in dieser Hinsicht über 35 Jahre stark betroffen. Alle meine direkten oder indirekten Beteiligungen an den Wirkstoffen der Arzneimittel *Humira*®, *Enbrel*®, *Volibris*® und einigen in der Entwicklung befindlichen Immuntherapien gegen die Alzheimersche Erkrankungen wurden jeweils nicht von der Firma, für die wir diese Erfindungen angemeldet hatten, zur Marktreife gebracht.

Das zeigt, dass es in der Praxis nicht so einfach ist, mit der logistischen Kette *Forschung – Entwicklung – Produktion – Markt*. Dazwischen gibt es viel Zeit, komplexe Abstimmungsprozesse und Entscheidungsträger, die Forschern vertrauen müssen, obwohl sie selbst nicht so viel von der Materie verstehen. Im Einzelnen ist dann die Kultur im Unternehmen auch wieder ein wichtiges Kriterium. Reden die Entscheidungsträger auch direkt mal mit den Forschern oder begnügen sie sich mit Zusammenfassungen und vielleicht *aufgearbeiteten* Informationen ihrer direkten Mitarbeiter? Die Entscheidung kann je nach dem eine ganz andere sein.

Wie können wir Forschung effizienter machen?

Forschungsergebnisse sind nicht planbar, man kann nur die Wahrscheinlichkeit für ihren Eintritt erhöhen

Dieses Buch will und kann nicht versprechen, dass es einen perfekten Algorithmus zu einer hoch qualifizierten Forschung gibt, die permanent gewünschte Ergebnisse zum Nutzen der Gesellschaft liefert. Aber der erste Teil hat hoffentlich gezeigt, dass es in einigen Bereichen der Forschung erhebliches Verbesserungspotenzial gibt. Zieht man dazu die enorme Wirkung disruptiver Forschungsergebnisse in Betracht, wird deutlich, wie lohnenswert die Optimierung der Forschung für unsere Welt sein kann. Selbst wenn im Ergebnis in zehn Jahren nur ein einziges erfolgreiches Forschungsprojekt mehr verwirklicht werden kann, so kann es transformativen Charakter auch für die Zukunft von Unternehmen bedeuten. Stellen wir uns einfach vor, die *BASF* hätte ihre Pharmaaktivitäten im Jahre 2000 nicht verkauft und auch nur zu einem Teil ihre Innovationen *Humira*® und *Enbrel*® als die beiden erfolgreichsten Arzneimittel der Welt mit Jahresumsätzen von weit über 25 Milliarden Dollar selbst realisiert? Sie hätte nicht nur zeigen können, dass man ein ganzes Arbeitsgebiet der Medizin, nämlich die entzündlichen Autoimmunerkrankungen, erstmals mit einer kausalen Therapie revolutionieren kann. Zudem hätte sie zu den großen Globalplayern aufsteigen können, denn die aus der Käuferfirma *Abbott* abgespaltene Neugründung *Abbvie Inc.* war als anfängliche *Humira*®-Vertriebsfirma bereits von ihrer Gründung, gemessen an der Börsenkapitalisierung, mehr wert als die *BASF* und hat ihren Börsenwert inzwischen verdreifacht. So könnte die *BASF* heute auch im Bereich *Pharma und Gesundheit* zu den großen globalen Unternehmen mit einer Vielzahl interessanter Hightech-Arbeitsplätze für den Standort Deutschland gehören.

Es geht im Folgenden darum, konkrete Vorschläge zum Thema *Effizienzsteigerung der Forschung* mit Schwerpunkt für den Standort Deutschland zu machen. – Versuchen wir mal, kreativ zu sein.

Ein neues Bild des Forschers in der Gesellschaft

Derzeit ruft man mit einem Wissenschaftsbeitrag in den Medien nur eine sehr begrenzte Zahl von begeisterten Zuschauern auf den Plan. Diese kleine forschungsinteressierte Minderheit wird in der Gesellschaft als eine besondere Spezies von teils vergeistigten Spezialisten angesehen, die in ihren Hinterstübchen irgendwelche Theorien und Experimente ausbrüten. Beispielhaft möchte ich hier das schlechte Image des Unterrichtsfaches *Chemie* an den Schulen anführen. In der Schulzeit meiner Kinder habe ich erfahren, dass man bei den Mitschülern nicht als *cool* galt, wenn man sich für ein Fach wie Chemie begeisterte.
Wie kommen wir also zu einem modernen, attraktiven Image des Forschers in der Gesellschaft, das zudem noch von einer Mehrheit aktiv wahrgenommen wird?

Bringt die Wissenschaft spielerisch und spaßig in den Alltag von Schülern und Erwachsenen

Der Weg zu einer breiteren Akzeptanz der Forschung und der Forscher kann nur über eine *Forschung zum Anfassen und Mitmachen für alle* führen. Diese Idee ist natürlich nicht neu und ist in vielen Museen großer Städte mit mäßigem Erfolg versucht worden, weil diese *Mach-mit-Museen* oft unzureichende Größe, Qualität und Breite haben. Die Experimente sind nicht immer gut gewählt, funktionieren oft nicht mehr oder sind nicht gut erklärt. Mit solchen halbherzigen Aktionen richtet man mehr Schaden als Nutzen an. Ich möchte daher mit einem positiven Beispiel aus der Schweiz, dem *Technorama* in Winterthur erklären, wie man es richtig machen kann:

Das *Technorama* in Winterthur ist eine moderne, sehr großzügige und professionell ausgestattete naturwissenschaftliche Bildungsstätte mit vielfältigen Experimentiermöglichkeiten für jedermann auf allen wichtigen Teilgebieten der Physik, Biologie und Chemie. Die Faszination dieser Einrichtung erreicht nahezu alle Menschen, unabhängig von Alter und Vorbildung. Das Geheimnis des Erfolges liegt in einfachen, spannenden und natürlich funktionierenden Experimenten für jedermann zu fast allen denkbaren naturwissenschaftlichen Fragestellungen. Es ist hier gelungen, eine Vielzahl von mehreren Hundert einfachen Versuchsanordnungen zum Mitmachen anzubieten. Die Fragestellungen und Ergebnisse werden verständlich und in akzeptablere Ausführlichkeit erklärt und ihre Relevanz angesprochen. Der Besucher kann bei einem Tagesbesuch im Technorama zwischen verschiedenen Teilgebieten der Naturwissenschaften in gut geordneten Abteilungen auswählen, welche Naturphänomene er wie näher kennenlernen will. Von zentraler pädagogischer Bedeutung sind die Labore der Biologie, Chemie und Physik, die sowohl von Schulklassen als auch von privaten Gruppen gemietet werden können. Die dort angebotenen Experimente sind aktuell, spannend und von professionellen Betreuern begleitet. Um festzustellen, wie eine solche Einrichtung wirkt, muss man nur den Kindern zuschauen, wie sie sich voller Energie intensiv mit diesen Experimenten beschäftigen. Damit ist das wichtigste Ziel im Bereich der Schüler erreicht: Begeisterung für die Naturwissenschaften zu wecken.

Nach diesem Vorbild und mit dieser Konsequenz müssen wir auch in Deutschland solche Zentren in vielen deutschen Städten schaffen, die uns in wenigen Jahren eine ganz andere Sicht der Bevölkerung auf die Naturwissenschaften bescheren können. So besteht die Chance, die Schwellenangst vor den Naturwissenschaften zu verlieren, ihre Faszination zu erleben und Fragen zu stellen: *Wie funktioniert das?* Naturgesetze werden erlebt und dieses Erleben und Aufklären sollte der beste Schutz sein vor immer weiter um sich greifenden Verschwörungstheorien, die z. T. bewusst naturwissenschaftliche Erkenntnisse ignorieren.

Die flächendeckende Errichtung solcher Zentren wird nicht ganz billig sein, aber das Geld ist gut investiert, wenn man der Forschung in dieser Gesellschaft einen höheren Stellenwert einräumen will.

Gesellschaftlicher und politischer Konsens über Forschungsziele und Ethik

Die Erwartungen an die Forschung werden in Deutschland auf der großen politischen Bühne nicht grundsätzlich und transparent formuliert. Dies erscheint mir aber ein dringend notwendiger Prozess, der mit der Formulierung der defizitären sozialen und technischen Lebensverhältnisse in unserem Land zu beginnen hat. Nur aus diesem politischen Konsens kann sich eine klare nationale Forschungsstrategie ergeben, die beinhalten muss, welche Arbeitsgebiete mit welchem Aufwand, Priorität und Zielsetzung beforscht werden sollen. Unter Einbeziehung einer breiten ethischen Diskussion von Kirchen, Gewerkschaften und Interessensverbänden ergeht ein klarer Auftrag, z. B. in Form eines Aktionsplans, über mehrere Jahre an die staatlich organisierte Forschung. Ein solcher gründlicher Prozess, in dem sehr bewusst die politische Führung auch Erwartungen an die Forschung formuliert, sollte zu einer besseren Akzeptanz und Einbindung der Forschung in die Gesellschaft führen. Der Aktionsplan mit seinem Budget regelt verbindlich die Wichtung der einzelnen Arbeitsgebiete und formuliert Erwartungen.

Die Größe und Gestalt eines solchen umfassenden Forschungsplans muss breit kommuniziert und konsequent umgesetzt werden. Die Großforschungseinrichtungen haben sich dann entsprechend den Erwartungen inhaltlich an diesem Plan auszurichten. Nur so kann man Forschung glaubhaft einbinden und einigermaßen sicherstellen, dass auch an den vereinbarten Themen mit den richtigen Ressourcen geforscht wird. Für die Forscher andererseits sollte das eine Verpflichtung sein, mit den Steuergeldern verantwortungsvoll umzugehen und die Erfolge und Misserfolge transparent, ehrlich und zeitgerecht den Geldgebern, also den Steuerzahlern mitzuteilen.

Forschungsplanung auf europäischer Ebene

Wie bereits erwähnt, leistet die Europäische Gemeinschaft jährliche Forschungsförderung in Milliardenhöhe und das stark nach dem Gießkannenprinzip ohne echte Kontrollen. Wie können wir sowohl die Effektivität, also relevante Ziele priorisieren und die Effizienz, also exzellente Ergebnisse in möglichst kurzer Zeit signifikant erhöhen? Sind doch die internationalen Absprachen noch mal bei Weitem politisch schwieriger als im innerdeutschen Bereich.

Eine Verbesserung der Situation kann ausschließlich über eine rigorose Kontrolle der Qualität erfolgen, die auch als Maßstab für Folgeprojekte gelten muss. Gehen wir mal davon aus, dass die gegenwärtigen EU-Strukturen eine gezielte hochwertige Planung der Fördertöpfe ermöglichen. Zunächst einmal sollte die Beantragung von Einzelprojekten technisch einfacher und durchschaubarer werden. Bisher werden von den Beantragern, also den Forschungsinstituten und Firmen, dafür vielfach spezialisiere Agenturen eingesetzt, um die Anträge überhaupt korrekt ausfüllen zu können. Der Fokus sollte aber auf der rein inhaltlichen Qualität des Antrages liegen. Jeder Einzelantrag, der über mehrere Jahre läuft, muss verbindliche Meilensteine für erwartete Ergebnisse enthalten. Außerdem müssen harte Abbruchkriterien formuliert sein, die auf Basis von klaren negativen Daten oder unpräzisen oder nicht erklärlich verzögerten Daten gründen. In der bisherigen Praxis habe ich in allen EU-Projekten erlebt, dass die formulierten Meilensteine aus trivialen Gründen, wie verzögerte Einstellung von Mitarbeitern oder Lieferung von Reagenzien, regelmäßig nicht eingehalten wurden und das Projekt dann entweder nicht geliefert hat oder einfach verlängert wurde.

Die erwarteten Zwischenergebnisse müssen also in Zukunft erreicht oder bei Nichterreichung mit triftigen Gründen überzeugend erklärt werden. Nur wenn wir im Rahmen der EG-Forschung auch bereit sind, Exempel zu statuieren und unzureichend durchgeführte Projekte auch begründet vorzeitig zu beenden, werden wir in der Folge bessere Anträge, bessere Forschung und folglich bessere Ergebnisse erreichen. – Wobei mit *besser* auch klare negative Resultate gemeint sind. Allerdings sind nicht konklusive Ergebnisse aufgrund schlechter experimenteller Planung oder Durchführung nicht mehr akzeptabel. Dies ist ein mühevoller und längerfristiger Prozess, zu dem es aber keine Alternative gibt. Man wird qualitativ nicht ausreichende Anträge auch systematisch nachbessern und gegebenenfalls ablehnen müssen.

Ein stetig steigendes Anforderungsprofil wird sich dann in Fachkreisen herumsprechen und mit der Zeit eine deutliche Verbesserung auch der EU-geförderten Projekte bewirken.

Ergebnisse und Berichtswesen

Um auf diesem Wege erfolgreich zu sein, bedarf es auch einer neuen Kultur beim Berichtswesen. Die Zwischenberichte zu den einzelnen Forschungsprojekten müssen schonungslos offen sein und mindestens zu folgenden Punkten Aussagen machen: positive, negative und nicht erklärbare Ergebnisse sowie nicht konklusive Experimente. Im Falle größerer Abweichungen vom Forschungsplan müssen die Gründe dafür offengelegt und Konsequenzen adressiert werden. Es ist besser ein Projekt, das sehr viel anders als geplant verläuft, vorzeitig abzubrechen und die gewonnene Erkenntnisse zur Beantragung eines neuen Projektes zu nutzen, als es mit unklarer Perspektive weiterzuführen.

Kontrollen und Konsequenzen

Eine deutlich verbesserte geförderte EU-Forschung wird es auf Dauer nicht ohne regelmäßige unabhängige Kontrolle der Projektteams und ihrer Arbeit geben. Mit *Kontrolle* ist hier die inhaltliche Analyse gemeint und nicht, ob ein Formblatt richtig ausgefüllt wurde. Der Prozess der Kontrolle kann nur in einer intensiven wissenschaftlichen Diskussion aller Ergebnisse und Bemühungen durch eine unabhängige Gruppe von Wissenschaftlern aus dem gleichen oder einem verwandten Arbeitsgebiet bestehen. Am Ende des Prozesses steht die Stellungnahme dieser Experten, mit einer klaren Empfehlung, ob das Projekt weitergeführt werden soll. Es ist selbstverständlich, dass die Begründung nachvollziehbar sein muss. Bei ablehnenden Stellungnahmen, die vom Projektteam nicht geteilt werden, sollte ein weiterer unabhängiger Gutachter die finale Entscheidung treffen können.

Natürlich werden solche Entscheidungen schmerzhaft sein, aber wenn es gelingt, dafür den politischen Rückhalt in den höheren EU-Gremien zu erhalten, kann dies ein wichtiger Schritt sein, die Qualität erheblich zu steigern.

Es kann nicht oft genug betont werden, dass hier nicht diejenigen Projektteams und Wissenschaftler bestraft werden dürfen, die sehr offen ihre negativen, schwierigen oder nicht erklärbaren Daten selbstkritisch diskutieren. Die retrospektive Fehleranalyse soll zentraler Bestandteil hochqualitativer Forschung sein. Nicht tolerierbar sind dagegen das Verstecken schwieriger Daten und die Tricksereien. Leider sind diese Verhaltensweisen eher die Regel als die Ausnahme im täglichen wissenschaftlichen Betrieb und das nicht nur unter der EU-Förderung.

Wie kommen wir zu einer Forschung ohne Betrug, Schummeln und Tricks?

Diese Frage mag sehr hart klingen, aber ja, es gibt mehr als genug kleinen und großen Betrug; vermeintlich weniger schlimm sind das Schummeln, Tricksen oder, sehr häufig, einfache Weglassen von Daten, wenn sie nicht zur Hypothese passen. Diese Frage ist bezüglich einer neuen Forschungskultur vielleicht die wichtigste in diesem Buch und die Antwort vielfältig. Wir werden versuchen, hier einige mögliche, wenn auch teilweise radikale Antworten zu diskutieren.

Ein neuer Kodex in der Forschung

Am Anfang der notwendigen Kulturveränderung können nur ein Bekenntnis und eine proaktive Selbstverpflichtung aller Forscher und Forschungseinrichtungen zu einer wissenschaftlichen Forschung stehen, die sich streng und ohne Ausnahme an folgende Forschungsethik hält:
- keine Verfälschung von Daten
- Reproduzierbarkeit diskutieren
- kein Weglassen von Daten
- auf experimentelle Schwierigkeiten hinweisen
- Fehler bekennen
- mehrfach nicht reproduzierbare wichtige Daten werden öffentlich und können zur Elimination entsprechender Veröffentlichungen führen

Ein solcher Forschungskodex sollte vergleichbar sein mit dem *Eid des Hippokrates* bei den Ärzten. Mogeln, auf welche Art auch immer, muss deutlich bestraft werden und letztlich zum Berufsverbot durch Ächtung der Forschungseinrichtungen und ihrer obersten Vertreter führen.

Bisher sind nur die wirklich drastischen Fälle von wissenschaftlichem Betrug bekannt und haben in wenigen Fällen zur Aberkennung der wissenschaftlichen Befähigung und arbeitsrechtlichen Konsequenzen geführt. Das ist aber zu wenig. Praktisch kann heute jeder Forscher, der einigermaßen geschickt ist, seine Daten leicht modifizieren, ohne in den Verdacht der Manipulation zu geraten. Interessanterweise kann man ein Patent bezüglich seiner Nacharbeitbarkeit anfechten, was das Patentamt dazu veranlassen kann, die Nacharbeit in Gegenwart des Anfechters als auch einer weiteren unabhängigen Person nachprüfen zu lassen. Mir ist es so mit dem *Enbrel®*-Wirkstoffpatent *EP0471701*[10)] ergangen. Er ergab sich bei dieser Prüfung eine vollständige Reproduktion der Daten, was dann zur Stärkung des Patentes führte. Die Nichtnacharbeitbarkeit andererseits hätte das Patent mit großer Wahrscheinlichkeit nichtig werden lassen.

Wir sollten eine solche Möglichkeit für alle wissenschaftlichen Publikationen in Journalen einführen. Erweisen sich die Veröffentlichungen als grob fehlerhaft, so sollte das unter Veröffentlichung der Gründe zur Korrektur oder Zurücknahme der Arbeit führen.

An dieser Stelle muss ich bekennen, dass mir in meiner Doktorarbeit sowie einer dazugehörigen Veröffentlichung ein Fehler bei der Sequenzanalyse des Proteolipidproteins unterlaufen ist. Dieser Fehler wurde erst ein bis zwei Jahre später durch die Sequenzierung des Gens sichtbar. Dieser Fehler ist leider weder in meiner Doktorarbeit noch in dem Artikel korrigiert worden, was mir leidtut. In diesem konkreten Fall war der Fehler klein im Vergleich zum weiter bestehenden Gesamtwert der Arbeit, der in der Ausarbeitung neuer Methoden zur Trennung lipophiler Peptide und der vollständigen Aufklärung der Primärsequenz bestand, und doch war und ist es nicht korrekt, diesen Fehler nicht korrigiert zu haben.

Fehler gehören also zur Forschung dazu. Sie geschehen, aber es ist wichtig, dass sie erklärt werden, um zu erkennen, wie der Fehler passiert ist und ob absichtlich gefälscht wurde. Nur ein solcher Umgang mit Fehlern bringt die Wissenschaft voran. Man stelle sich die Wirkung auf das Renommee der Forscher vor, wenn jede nachweisbare Manipulation von Daten mit Konsequenzen belegt wird.

Eine abschreckende Wirkung einiger erster Präzedenzfälle ist garantiert. Ein solcher Kodex würde dann zu einer völlig anderen Publikationsszene führen. Statt glattgebügelter Ergebnisse würde man nun von den wirklich schwierigen Phasen der Arbeit lesen und erfahren. Der Erkenntnisgewinn einer solchen Publikation wäre ungleich höher. Strenge Regeln kommen damit am Ende nicht nur der Wissenschaft zugute, sondern auch den Forschern selbst. – Es wäre quasi wie im Leistungssport: Verzicht auf Doping.

Wie wäre es, wenn jedes Journal eine Veröffentlichung pro Jahr als die *Arbeit des Jahres* in Bezug auf Fairness auszeichnen würde?

Die Reform des Publikationssytems

Wer sich heute in ein neues Arbeitsgebiet einarbeiten will, der findet eine Überzahl von Publikationen aus einer Überzahl von Journalen. Die Redundanz und Unübersichtlichkeiten der Informationen verschlimmert sich dadurch, dass diese primären Daten ständig in Reviews verschiedenster Journale wieder und wieder zusammengefasst werden.

Was kann man also tun, um die Flut der sich ständig wiederholenden Daten einzudämmen?

Weniger publizieren

In einer freien Welt wäre es fatal und auch technisch nicht möglich, die Zahl der Publikationen durch dirigistische Maßnahmen zu verkleinern. Der Weg zu präziseren, weniger redundanten Publikationen kann nur über die Veränderung der Anreize und der Publikationsstruktur führen. Die Wissenschaft darf sich nicht mehr als Produktionsfabrik von Publikationen verstehen.

Hier sei nebenbei bemerkt, dass es überhaupt nicht logisch und verständlich ist, dass die mit Steuergeldern erarbeiteten Daten von den profitablen Verlagen dadurch kommerzialisiert werden, dass sie einerseits hohe Publikationsgebühren verlangen und andererseits den Zugang der Bürger zu diesen Daten durch teure Lizenzgebühren drastisch einschränken; das widerspricht dem Geist der transparenten Wissenschaft und behindert die Schaffung einer offenen, ehrlichen Forschungskultur erheblich. Das Copyright ist wichtig, aber es muss einen Zugang für alle zu allgemeinen wissenschaftlichen Informationen zu akzeptablen Gebühren geben. Das ist heute bei Weitem nicht der Fall.

Die karrierebildenden Funktionen schlicht durch die Zahl der Publikationen zur Erreichung einer wissenschaftlichen Qualifikation – also z. B. einer Promotion oder Habilitation in den Naturwissenschaften, der Medizin und der Technik – müssen weitgehend wegfallen. Die Verleihung eines wissenschaftlichen Grades sollte fallbezogen von unabhängigen Betreuern anhand bestehender Daten geprüft und freigegeben werden.
Eine Publikation oder auch nur ein Zwischenbericht kann einerseits hinreichend sein für eine wichtige und wissenschaftliche Arbeit, während andererseits auch drei zweifelhafte Publikationen nicht in jedem Fall auf eine qualifizierte wissenschaftliche Leistung hinweisen.

Gute negative Resultate publizieren

Wie immer, wenn man deutliche Veränderungen und eine neue Kultur schaffen will, ist das anfänglich nicht einfach und wird natürlich auch von den Platzhirschen belächelt. Ein guter Einstieg dazu wäre eine konsequentere Publikation guter negativer Daten über alle Journale und Konferenzen. Warum sollten sich die Journale nicht eine Vorgabe von 20 Prozent für Publikationen geben, die sich mit negativen Resultaten beschäftigen? Dies erscheint mir an der Vielzahl vorhandener guter negativer Resultate nicht sehr viel.
Weniger glücklich finde ich den Vorschlag, alle negativen Daten in einem *Journal of Negative Results* zusammenzufassen, da dadurch diese Daten als minderwertig erscheinen und letztlich nicht die notwendige gleiche Aufmerksamkeit wie andere Daten erhalten werden.

Eine Auszeichnung für Forscher, die die Wissenschaft mit guten negativen Daten vorangebracht haben, wäre sehr hilfreich, um die neue Forschungskultur voranzutreiben. Letztlich kommt es auf die Relevanz und Präzision der Forschungsziele an. Die Resultate, egal ob positiv oder negativ, müssen so sein, dass man klare Schlussfolgerungen ziehen kann. Nur dadurch kommt die Wissenschaft voran und unsaubere Resultate von manipulierenden Forschern bleiben außen vor.

Nicht reproduzierbare Publikationen indizieren

Wir werden keine signifikanten Fortschritte in der Verbesserung der wissenschaftlichen Kultur erzielen, wenn wir nicht die schon angesprochenen unehrlichen und daher nicht nacharbeitbaren Publikationen konsequent verfolgen und indizieren. Dies wird in der Praxis oft erst Jahre später sichtbar und doch darf es hier keine *Verjährung* des Vergehens geben. Diese Publikationen sind zerstörerisch, weil sie ein Arbeitsgebiet in die falsche Richtung führen und dadurch für die Gesellschaft und die Forschung großen Schaden anrichten.

Journale, die sich diesem Ehrenkodex verpflichten, sollten eindeutig kenntlich sein gegenüber den restlichen Journalen.

Der schwierige Übergang zur neuen Forschungskultur

Die Zerschlagung des Personenkults – Neue Spielregeln

Ein herausragendes Merkmal der derzeitigen Forschungskultur ist die Verehrung der *Superexperten*, von denen hier schon mehrfach die Rede war. Keiner, der in seinem Arbeitsgebiet selbstständig erfolgreich sein will, kommt an ihnen vorbei. Einmal arriviert, laufen sämtliche Anfragen von forschungsinternen bis externen Fragen bei ihnen zusammen. Schlimmer noch, ihre wissenschaftlichen Aussagen werden stärker gewichtet als Beiträge junger oder nicht so bekannter Forscher.

Insbesondere die interne Verehrung dieser *Big Shots* befeuert diesen fatalen Personenkult. Als aufstrebender Habilitant braucht man in Deutschland das Wohlwollen mindestens eines Teiles dieser Gruppe, um eine interessante Dozentenstelle zu bekommen. Kein Wunder, dass die neu hinzukommenden jungen Kollegen dann den Geist des inneren Zirkels dieser elitären Forscherclique genauso weiterführen.

Wie kommt man aus dieser *Inzucht* der elitären Forscher raus? Die Antwort beginnt mit neuen Spielregeln – man könnte sie auch *Anti-Kartell-Regeln* nennen: In Zukunft sollte jeder Hochschullehrer oder *MPI-*, *Helmholtz-*, oder *Fraunhofer*-Direktor maximal in nur einem Steuerungsgremium vertreten sein dürfen. Durch Verteilung der Verantwortlichkeiten auf ca. zehnmal mehr, also etwa 200 Wissenschaftler in einem Arbeitsgebiet werden nicht transparente Absprachen erschwert und die Chancengleichheit für Diversität in der Forschung wird erhöht.

In der Praxis werden diese Änderungen aus gesetzgeberischer oder juristischer Perspektive nicht leicht durchsetzbar sein. Man muss hier verstärkt auf die Selbstverpflichtung der Forschung vertrauen.

Schauen wir uns die typischen Einflussbereiche der Meinungsmacher in ihrem Arbeitsgebiet genauer an:

- steuernde Funktion (Editor, Gutachter) in mehreren wissenschaftlichen Journalen
- Organisation führender Tagungen
- Begutachtung von Forschungsanträgen (EU, D)
- Beratung von forschungspolitischen Gremien
- Beratung von Schlüsselprojekten in vielen Firmen
- Mitgliedschaften in mehreren wissenschaftlichen Gesellschaften und Stiftungen
- Besetzung zentraler Führungspositionen im Hochschulbereich oder Vergleichbares

Jede dieser Tätigkeiten ist wichtig und muss kompetent besetzt sein. Der entscheidende zu ändernde Punkt ist die Verteilung dieser vielen Funktionen auf deutlich mehr Verantwortliche. Die Wissenschaft sollte dies mit ihren Gremien selbstverantwortlich regeln, indem sie diese Mehrfachfunktionen für einzelne Wissenschaftler aufhebt. Im Ergebnis wird die Verantwortung auf viele kluge Köpfe verteilt, die Meinungsvielfalt wird steigen und nicht wissenschaftlich begründete geheime Absprachen zwischen den immer selben wenigen Meinungsführern wird sinken, was letztlich die Qualität in der Wissenschaft heben wird.

Um die Tragweite dieses Punktes anschaulich zu machen, möchte ich noch mal das Beispiel der Beta-Amyloid-Forschung in der Alzheimerschen Erkrankung aus meinem Erfahrungsbereich aufnehmen. Hätte man den schon seit den 90er-Jahren vorhandenen Wissenschaftlern mit ihren Daten zur essenziellen physiologischen Funktion des Beta-Amyloids im gesunden Gehirn eine deutliche Stimme in den Fachgremien gegeben, dann wäre der Wissenschaft, den Patienten und deren Angehörigen wahrscheinlich eine Flut von 20 Jahren sinnloser Projekte von Beta-Amyloid senkenden Substanzen wie Beta- und Gamma-Sekretase-Inhibitoren mit Kosten in Milliardenhöhe erspart geblieben. Interessanterweise haben sich alle großen Pharmafirmen nur von den Mainstream-Wissenschaftlern beraten lassen und damit natürlich die teuren Fehler ihrer Konkurrenten wiederholt. Der Schaden für die Wissenschaft ist aber nicht nur der Verlust von sehr viel Zeit und Geld, leider wurde dadurch ein wichtiges Teilgebiet der Alzheimerforschung diskreditiert und auch neue therapeutische Ansätze, die auf einer veränderten Hypothese beruhen, werden nun nur noch mit Argwohn betrachtet.

Aber an diesem Beispiel kann jeder Wissenschaftler nochmals lernen: Wir können uns alle jederzeit irren, weil wir Phänomene und Daten nicht würdigen oder fehlinterpretieren. Das muss erlaubt sein. Es ist normales wissenschaftliches Arbeiten, dass wir Hypothesen formulieren und diese dann zu verifizieren versuchen. Aber wichtig ist, dass wir nicht krampfhaft an über Jahren nicht verifizierten Hypothesen festhalten, sondern diese modifizieren und unsere Fehler zugeben. Das zeichnet den wirklich großen Wissenschaftler aus. Leider habe ich das bei vielen Schlüsselpersonen in meinem Berufsleben nicht oft erlebt. Das bestehende System erzeugt für diese *Super-Wissenschaftler* einen enormen Druck, sodass auch aus ihrer Sicht irren nicht mehr erlaubt zu sein scheint.

Eine deutliche Verbreiterung der wissenschaftlichen Meinung wird sich immens positiv auf eine entspanntere Forschungskultur auswirken und der Wahrheit in der Forschung schneller zum Erfolg verhelfen. Stellen wir sicher, dass auch seriöse Querdenker unsere Wissensgebiete durch ein Maß an Verantwortung mitgestalten dürfen. Binden wir sie ein, sie stellen vielleicht unbequeme, aber gute Fragen, was am Ende allen Beteiligten nur recht sein kann. (Übrigens lässt sich der Begriff *Querdenker* an dieser Stelle nicht sinnvoll ersetzen. Das sollte auch nicht nötig sein, nur weil sich eine fragwürdige Bewegung kurzfristig dieses Wortes bemächtigt hat.) Dieses Prinzip kann von den deutschen Forschungsgremien durch Formulierung neuer Leitlinien für die DFG und andere Forschungseinrichtungen umgesetzt werden. Mehr Diversität wagen, sollte die Devise nicht nur bei der Vielfalt der Forschungsansätze sein, sondern auch bei den Forschern!

Die neu vorgeschlagene Regelung zielt nicht darauf ab, die Nebenverdienstmöglichkeiten von Hochschullehrern zu beschränken. Es geht um einen limitierten Einfluss auf die Fortschreibung der Wissenschaft durch wenige Personen. Man stelle sich vor, nur eine Firma hätte den Mut gehabt, sich von der Minderheit der Alzheimerforscher beraten lassen, die für normales Beta-Amyloid schon sehr früh eine essenzielle Funktion im Neuron sahen. Diese Firma könnte heute ganz vorne stehen mit einer maßgeschneiderten Beta-Amyloid-Oligomer-spezifischen Immuntherapie, die den Patienten helfen könnte. Erste Firmen, beispielsweise *Neurimmune* und *Biogen*, sind mit dem sich in der US-Zulassung befindlichen Entwicklungskandidaten *Aducanumab* inzwischen ein Stück in diese Richtung gegangen.

Freiheit des Einzelnen in der Forschung: Die Zehn-Prozent-Regel

Über die Wichtigkeit von Zielen in der Forschung haben wir bereits gesprochen, aber es ist ebenso bedeutsam für den Forscher, mal eine verrückte Idee spontan ausprobieren zu können, z. B. durch ein kleines Schlüsselexperiment. Es sollte dabei die Selbstverantwortung jedes Forschers sein, diese Freiheit angemessen zu nutzen und Ziele des eigentlichen Projektes und des Teams nicht zu sehr zu vernachlässigen. Für meine Mitarbeiter habe ich es die *Zehn-Prozent-Regel* genannt, im Mittel sollte dieser Zeit- und Ressourcenanteil also jedem Forscher für kleine orientierende Experimente zur Verfügung stehen. Solche Versuche werden dann mit maximalem Engagement und Motivation durchgeführt. Der Freiraum stärkt das Selbstbewusstsein und es besteht die Chance, völlig neue Projektideen anzustoßen. Nicht selten haben wir so im Miniteam von zwei Personen den Grundstein für ein reifes neues Forschungsprojekt gelegt.

Die richtige Forschungskultur

Als ich meine industrielle Forschungstätigkeit 1984 in der *BASF* begann und für die nächsten Jahre Pharma-Biotechnologie zu meinem Thema machte, begannen wir im Team natürlicherweise nach erfolgreichen Vorbildern zu suchen. Während die Standardkarriere eines durchschnittlichen Forschungschemikers in der *BASF* und anderen deutschen chemischen Großunternehmen zu der Zeit etwa drei bis fünf Jahre dauerte, um dann ins *richtige Berufsleben*, also z. B. Anwendungstechnik oder Produktion einzutauchen, konnte das für ein komplexes Arbeitsgebiet wie *Pharmaforschung* nicht funktionieren.

Wir Biotechnologen mussten uns also an anderen seinerzeit erfolgreichen externen Forschungsteams orientieren. Wir sahen uns um und staunten nicht schlecht über die neuen, meist amerikanischen Biotech- Unternehmen, in denen die Forscher nicht als notwendiges Übel und Personalrekrutierungseinheit betrachtet wurden, sondern die Stars des Unternehmens waren, weil alle wussten, dass sie vom Erfolg dieser Einheit abhängig waren. Die Gründungsjahre einer Firma *Genentech*, die mit vielen anderen jungen Biotech-Unternehmen wesentlich dazu beitrugen, dass die neuen molekularbiologischen Techniken erfolgreich in relevante Pharmaprotein-Therapeutika wie den *Plasminogenaktivator*, *Erythropoietin* oder *Faktor VIII* umgesetzt wurden, waren auch für uns faszinierend. Wir wollten auch so sein wie die jungen erfolgreichen Forscher in diesen Start-up-Unternehmen.

Dazu brauchten wir Verbündete im Unternehmen *BASF*, in dem natürlicherweise die Pharmaforschung keine dominierende Rolle spielte und man mancherorts etwas skeptisch auf die *neuen Biologen* schaute. Aber wir bekamen unsere Chance, da wir durch Kooperation mit den Biotechnologie-Firmen etwas von dem Flair dieser Aufbruchstimmung in ein neues Zeitalter mitbekamen. Wir ließen uns anstecken und formten unsererseits ein von der Forschung begeistertes Team. Für die Forschungskultur war damals wie heute neben Begeisterung auch Freiraum von zentraler Bedeutung. Wir bekamen diesen Freiraum und von vielen Seiten Vertrauen geschenkt und lernten unsere Lektionen, obwohl wir reichlich jung und unerfahren waren. Wir waren in der Wissenschaft mutig, teilten unsere Ideen im Team und halfen uns gegenseitig. Das Unternehmen stellte optimale Sachmittel und exzellent ausgebildete technische Mitarbeiter/innen zur Verfügung. Durch fast optimale Bedingungen verkürzten wir unsere Einarbeitung in das Arbeitsgebiet auf wenige Jahre, bevor sich die ersten Erfolge einstellten.

Es ist ein weitverbreitetes Missverständnis, das zwischen den Teammitgliedern größtmögliche menschliche Nähe oder Freundschaft bestehen muss, um optimal zu interagieren. Der wirklich wichtige Punkt ist neben Kompetenz, Begeisterungsfähigkeit, bedingungslosem Teamverhalten und Diversität der gegenseitige Respekt, der letztlich dazu führt, dass man dann auch selber seinen Teil der Leistung optimal einbringt. Diese Konstellation war in den späten 80er-Jahren der Pharmabiotechnologie-Forschung der *BASF* in Ludwigshafen gegeben und führte folglich zu bemerkenswerten Ergebnissen.

Viele Jahre später entstanden aus unserer Forschung die beiden ersten großen Arzneimittel zur Behandlung chronisch entzündlicher Autoimmunerkrankungen, die für die Patienten eine deutliche Verbesserung der Lebensqualität bringen sollten. Gleichzeitig wurden sie für die vermarktenden Firmen weltweit die umsatzstärksten Arzneimittel der Jahre 2016–2018: *Humira*® und *Enbrel*®.

Diese Forschungskultur war zwar keine Kopie der amerikanischen Biotechfirmen-Kultur dieser Zeit, aber wir hatten uns angenähert und ein deutliches Stück Freiheit in der *BASF*-Forschungslandschaft erkämpft, was natürlich nur dadurch möglich war, dass wir uns mit der Großzügigkeit und dem Vertrauen der Forschungsleitung auch einige unserer Projekte selbst generieren und gestalten durften. Wichtig waren auch eine Reihe kleinerer Kooperationen, die ohne großen Aufwand erstellt und realisiert werden konnten.

Erfolgreiche Forschung braucht vertrauensvolle Führung, kein Mikromanagement

Das Management in der Forschung trägt naturgemäß wesentlich zur Forschungskultur und damit zur Effizienz bei. Der Führungsstil eines Forschungsmanagers darf sehr verschieden sein, um eine Gruppe erfolgreich zu führen, dennoch gibt es einige nicht akzeptable Verhaltensweisen von Forschungsvorgesetzten, die den Misserfolg fast garantieren.

An erster Stelle sei hier genannt, die Rolle des *Oberforschers* einzunehmen. Ich war in meinem Berufsleben in der glücklichen Lage, das nur einmal sehr drastisch erleben zu müssen, die katastrophalen Effekte waren haarsträubend. Ein scheinbar allwissender *Oberforscher* kontrolliert alle Details seiner Mitarbeiter und bewertet diese. Dies erzeugt bei einem Teil der Mitarbeiter Angst, bei einem weiteren Teil Resignation. Für eine fähige selbstbewusste Gruppe von Forschern ist so ein Mikromanagement völlig inakzeptabel. Die Konsequenzen sind sehr schnell die wirkliche oder zumindest innere Kündigung der besten Mitarbeiter; andere stellen das Denken ein und verlassen sich darauf, dass der große Guru schon alles richten wird. Wer so führt, versteht nichts vom Forschen. Diese Forschungsmanager sind vielleicht durch ihre große Präsentationstechniken oder Vernetzungen gegenüber dem CSO oder Vorstand vermeintlich qualifiziert, zerstören aber sehr schnell das Niveau der Forschungseinheit. Leider kommt es dann auch vor, dass der übergeordnete Vorgesetzte seinen Fehler der Einstellung dieser Person nicht eingestehen will, und es kommt zu einer jahrelangen Flaute in der entsprechenden Forschungseinheit. Interessanterweise wird dann die Präsentationskultur zum allerwichtigsten Instrument in solchen nicht funktionierenden Forschungseinheiten, getreu dem Motto: *Wenn ich schon keine brauchbaren Ergebnisse habe, dann präsentiere ich sie zumindest perfekt.* Die dazu passenden Mitarbeiter werden dann zum Schrecken der wirklich kompetenten Kollegen meist noch dekoriert.

Ein weiterer häufiger Führungsfehler ist es, Projekte nach einer zu engen Schablone zu bewerten und frühzeitig aufzugeben. Hier möchte ich nicht falsch verstanden werden: Es ist absolut wichtig, signifikante Fortschritte auch im Vergleich zum Wettbewerb in möglichst kurzer Zeit zu machen. Es gibt aber Projekte, die über Jahre immer wieder neue zentrale Erkenntnisse im gesamten Wettbewerb erbringen, was dann auch die Fortführung dieses Projektes bei entsprechender Attraktivität des Zieles mit längeren Laufzeiten rechtfertigt. Bei einer regelmäßigen Überprüfung des Projektes muss dieses vollständig analysiert und neu bewertet werden. Natürlich müssen Vorhaben mit klaren negativen Daten dann sofort beendet werden, wenn es z. B. keine begründbaren entscheidenden neuen technischen Perspektiven gibt.

Eine sehr wichtige Eigenschaft eines Forschungsleiters ist, sich gegenüber seinen Kollegen und Vorgesetzten zu behaupten und Projekte, die sich in einer transienten Krise befinden, überzeugend zu verteidigen. Ich kenne kein großes Forschungsprojekt, das nicht durch mindestens eine existenzielle Krise gegangen ist. Ein guter Team- und Forschungsleiter sollte sich und sein Team transparent machen, indem er seine wirklich wichtigen Projekte und die sie vertretenden Forscher offen mit den Entscheidungsträgern in der Hierarchie zusammenbringt und diskutiert.

Ein guter Maßstab der Führungskultur ist die Bereitschaft der Entscheidungsträger, auch mal über ein bis zwei Hierarchieebenen hinweg das direkte Gespräch mit einzelnen Mitarbeitern zu suchen und sich so ein besseres Bild vom Zustand eines Projektes zu machen. Vorbereitete Powerpointpräsentationen sind immer geglättet, in großen Teilen vorbesprochen und verzerren so die wirkliche Meinung des Teams. Mir war es immer wichtig, die stillen Leistungsträger, die sogenannten *grauen Eminenzen* mal mit ihrer persönlichen Meinung direkt zu hören. Man erfährt oft außergewöhnlich interessante und wichtige Details, die so nicht in offiziellen *großen* Besprechungsrunden thematisiert werden. Gerade Vorstände, die nun wirklich Entscheidungen großer Tragweite fällen, sollten sich das zur Regel machen, um ihren Entscheidungshintergrund durch tiefere Informationen qualitativ zu erweitern. Diese Methode ist übrigens ein wirksames Mittel gegen eine leere Präsentationskultur, die immer wieder die Qualität der Forschungsergebnisse untergräbt. Ein Forschungsleiter, der zeigt, dass er so etwas nicht toleriert, wird sehr schnell seine Mitarbeiter zu ehrlichen und transparenten Projektberichten erziehen.

Interessanterweise bedeutet die nicht offene und ehrliche Präsentation der Ergebnisse, meistens übrigens bewirkt durch das Weglassen von unstimmigen Daten, nicht immer nur, dass die Projekte geschönt werden. Manchmal werden auch aus Angst *störende* Daten einfach unterschlagen. In einem vertraulichen Gespräch hat mir ein Forschungsleiter einer anderen Firma mal anvertraut, dass ein großes neues Therapeutikum in den Markt eingeführt wurde, obwohl vorläufige toxikologische Daten aus Tierexperimenten bereits Jahre vorher auf eine zwar nicht häufige, aber klare Nebenwirkung hindeuteten. Sehr wenige Personen hatten allerdings für sich entschieden, diese Daten nicht in das größere Team einzubringen. Wenige Monate nach der Markteinführung musste dann dieser neue Wirkstoff, dessen Erforschung und Entwicklung rund zehn Jahre bis zur Marktreife gebraucht und mehr als eine Milliarde Entwicklungskosten verschlungen hatte, vom Markt genommen werden.

Synergismen, auch mit der Natur

Forscht man einige Jahre erfolgreich auf einem begrenzten Teilgebiet unter verschiedenen, aber verwandten Aspekten, so lernt man, dass man überproportionale inhaltliche und technologische Kompetenz erwirbt. Diese wird alsbald zu einem echten Wettbewerbsvorteil, da man Zeit und Fehler bei Folgeprojekten einspart. Sowohl bei der Auswahl als auch der Durchführung der Forschungsprojekte sollte man sich also immer fragen, ob man schon Know-how, Erfahrung oder technische Vorteile in diesem Arbeitsgebiet mitbringt. Letztlich muss die wichtige Frage *Warum glauben wir, dass wir dieses Projekt besser machen können als der Wettbewerber?* in mindestens einem Aspekt positiv beantwortbar sein.

Bei der Generierung eines Forschungsportfolios oder Feldes sollte ein neues einzelnes Projekt von der bestehenden Infrastruktur, z. B. Arbeitstechniken oder exklusivem Wissen profitieren. Bei gleicher Attraktivität erhält also das Projekt mit dem Rückenwind der Erfahrung ähnlicher Projekte den Vorzug. Leider habe ich Forschungsleiter erlebt, die diesen Aspekt nicht besonders berücksichtigt haben. Das endete dann für völlig neue Ansätze zunächst oft mit einer Niederlage im Wettbewerb, weil man deutlich mehr Vorlauf braucht, um die Arbeitstechniken und Erfahrungen erst einmal aufzubauen.

Bestehende Synergismen in mehreren technologisch verwandten Projekten helfen natürlich auch, ein Forschungsfeld im Wettbewerb schneller kompetent und ressourcenschonend abzudecken und so auch auf unerwartete neue Ideen mit weniger Anlauf sofort reagieren zu können.

Synergismen können wir aber auch noch auf ganz andere elegante Art nutzen, indem wir schon realisierte Innovationen der Evolution als solche in der Natur entdecken und für unsere Zwecke nur noch adaptieren oder umbauen. Die Evolution hatte einfach mehr Zeit und hat sehr vielfältige kreative Lösungen bereits realisiert. Es gilt nur hinzuschauen, denn man kann die Natur an verschiedenen Stellen nachahmen und manchmal sogar besser machen. Die Bionik ist ein erfolgreiches Prinzip, Lösungen der Natur auf technische Probleme zu übertragen. Hier seien nur der Lotuseffekt oder die Optimierung eines Flugzeugflügels genannt. In ähnlicher Weise bieten viele Naturstoffe Vorbilder für Arzneimittel, wie z. B. *Digitalis* aus dem Fingerhut, *Salicylsäure* aus der Weide oder moderne Immunosuppressiva, wie *Cyclosporin* oder *FK506*.

Im engeren Sinne können wir die bei der Bekämpfung von Erkrankungen schon vom menschlichen Organismus realisierten Abwehrmechanismen studieren. Ich habe diese Überlegung genutzt, um den Wirkstoff des schon erwähnten Rheumamittels *Enbrel*® in schwer erkrankten Patienten als eigenheilendes Prinzip zu entdecken. Ebenso wird gerade der erste Autoantikörper aus einem menschlichen Individuum, der gegen die bereits beschriebenen Beta-Amyloid-Oligomere und Plaques gerichtet ist und klinische Wirksamkeit bei Alzheimerpatienten gezeigt hat, *Aducanumab*, von der amerikanischen Gesundheitsbehörde *FDA* auf seine Zulassung als Medikament geprüft.

Wir können also große Abkürzungen in der Forschung gehen, weil uns die Natur an sehr vielen Stellen deutliche Fingerzeige für große Innovationen gibt. Die realisierte Liste ist bereits jetzt lang, aber das Potenzial in der Entdeckung und Modifikation von weiteren existierenden Abwehrmechanismen für neue Wirkstoffe ist bei Weitem nicht erschöpft.

Interdisziplinarität und Diversität

Es liegt in der Natur der stetig steigenden Komplexität unserer technisierten Welt, dass die Anzahl der Spezialgebiete in den Naturwissenschaften wächst. Weiterhin nimmt auch der Erkenntnisgewinn pro

Teilarbeitsgebiet stetig zu. Ich möchte hier zum Beleg aus verständlichen Gründen nicht die Zahl der Publikationen anführen, sondern eher auf die Halbwertzeit von disruptiven Technologien verweisen.

Nehmen wir das Beispiel der Informationsspeicherung: Dieses Arbeitsgebiet entwickelt sich rasant in seiner Gesamtbedeutung und der Zahl seiner Teilgebiete. Während die alten Ägypter mit Tontafeln und Papyrusrollen auskamen, gesellten sich später die Buchdruckkunst und im 20. Jahrhundert die Fotografie sowie die Schaltplatte bzw. das Tonband dazu. Eine solche Differenzierung eines Arbeitsgebietes führt notwendigerweise zu Spezialistentum, das ist ein typischer und natürlicher Vorgang. Die eigentliche Herausforderung liegt darin, die zunehmende Einschränkung, die mit der Perfektionierung eines in die Tiefe und nicht in die Breite gehenden Arbeitsgebietes einhergeht, frühzeitig zu erkennen und die Möglichkeiten völlig parallel verlaufender Entwicklungen nicht zu verpassen. Das ist die eigentliche Herausforderung der effektiven Forschung. Es gilt, frühzeitig Aktivitäten für die neuen disruptiven Technologien einzuleiten und nicht eine auslaufende Technologie tot zu optimieren.

Hier kommt die interdisziplinäre Arbeitsweise einer Arbeitsgruppe ins Spiel: Je unterschiedlicher die Zusammensetzung des Teams bezüglich seiner Denkweise oder Ausbildung ist, desto wahrscheinlicher werden mögliche alternative Ansätze überhaupt entdeckt. Die unterschiedlichen Mentalitäten und Herangehensweisen von Biologen und Chemikern wurden bereits erwähnt, die Liste lässt sich mit Medizinern, Pharmakologen, Toxikologen, Statistikern und vielen anderen Wissenschaftlern fortführen. Entscheidend ist, dass alle Fachrichtungen und Personen gleichberechtigt miteinander agieren. Hin und wieder erlebt man, dass der Kern des Teams, der oft schon Jahre miteinander das Projekt geprägt hat, eine geschlossene Gesellschaft bildet und gerade fachfremden neuen Kollegen nicht offen genug gegenübertritt. Das ist natürlich wenig produktiv. Gerade diejenigen Wissenschaftler, die nur periphere Erfahrungen haben, können aber sehr grundsätzliche wichtige neue Fragen stellen. Diese Fragen können aus Sackgassen herausführen, wenn sich das komplette Team von den Fragen inspirieren lässt und versucht, gemeinsam Antworten zu finden. In einer solchen Phase geht es um grundsätzlich neue Impulse auch von externen Personen, die bisher vielleicht nur in ähnlichen Projekten tätig waren.

Diversität kann hier viele verschiedene Bedeutungen haben. Über die Persönlichkeitsstruktur und die Fachrichtung hinaus kann das auf das Team bezogen heißen, dass wir die Teambesprechungen immer wieder unterschiedlich gestalten. Der größte Feind der Forschung ist die Routine. Es gilt daher, die eingefahrenen Gewohnheiten abzulegen, denn sie behindern die Kreativität. Also warum nicht den Tagungsort häufiger mal wechseln, wie auch die Tagesordnung, Teammitglieder und die eingesetzten Medien?

Techniken zur Kreativitätsförderung

Eines der faszinierendsten Phänomene und Rätsel ist die Entstehung von Ideen. Warum kommt eine Idee zu einem bestimmten Zeitpunkt und unter bestimmten Umständen zustande? Ich habe über diese Frage sehr viel nachgedacht und versucht, über meine lange Zeit als Erfinder bestimmte Regeln bei meinen Mitarbeitern und mir zu beobachten. – Mit begrenztem Erfolg.

Die Frage nach dem *Wie kam die Erfindung zustande?* erfolgte auch regelmäßig bei der Erfindungsmeldung für das Patentamt. Hier müssen Erfinder konkret mit ihren Beiträgen und ihrem prozentualen Anteil (!) genannt sein. Das ist extrem schwierig, da man die Konzeptionsphase einer Erfindung, in der Impulse und halb fertige Ideen häufig der wirklichen Idee vorausgehen, oft nur schwer rekonstruieren kann. Also gab es an dieser Stelle regelmäßig heftige Diskussion unter den potenziellen Erfindern und man hat sich oft nicht ganz korrekt auf die offensichtlichen Forscher, die den *Reduction-to-practice*-Teil durchgeführt haben, geeinigt. Einem gewissen Teil der Erfindungen ist man so wohl auch gerecht geworden, insbesondere solchen, die sich durch kontinuierliche Arbeiten im Team fast zwangsläufig ergaben. Der schwierigere und interessantere Teil der Erfindungen dreht sich aber um die kleine oder große Idee, die einen Quantensprung in Sachen Fortschritt ergibt und so den Kern einer disruptiven Innovation ausmacht.

Versucht man, von der Idee noch einen Schritt zurückzugehen, so gelangt man zur Inspiration. Diese kann nun z. B. dadurch entstehen, dass man etwas beobachtet, das nicht mit dem zu lösenden Problem in Zusammenhang steht, aber eine Assoziation auslöst, die dann eine Idee generiert. Nach diesem Muster wirken Kaffeepausen, in denen meist über ganz andere Dinge gesprochen werden, oft katalysierend. Jemand wird zum Impulsgeber, ohne es zu merken, ein anderer nimmt die Anregung auf und spricht sie erstmals aus, vielleicht auch falsch oder fehlerhaft. Ein dritter Kollege formuliert dann erstmals die richtige Idee. Wer ist nun der Erfinder? Natürlich letztlich alle drei. Das macht die Faszination der Forschung aus.

Im Kern geht es also darum, die Wahrscheinlichkeit der Inspiration und damit der Idee zu erhöhen. Die denkbaren Methoden dazu sind sehr variabel und für verschiedene Individuen und Teams unterschiedlich erfolgreich. Für mich persönlich kann ich sagen, dass ich drei bis vier sehr wichtige Ideen zu Projekten nach einem Traum meist in der zweiten Nachthälfte hatte, aber in keinem der Fälle kann ich eine plausible Antwort auf die *Warum-jetzt?*-Frage und den Zeitpunkt geben. Allerdings war in allen Fällen das jeweilige Problem schon eine gewisse Zeit ungelöst.

Andere Stimulanzien können Urlaub, private Veränderungen und natürlich Drogen jeder Art sein. Die einzige Empfehlung an dieser Stelle ist, sich immer mal wieder auf verschiedene neue Umgebungen einzulassen, um die Inspirationswahrscheinlichkeit zu erhöhen. Ansonsten möchte ich es den Gehirnforschern überlassen, systematische Beiträge zu diesem Thema zu leisten.

Kreativitätsblockaden

Etwas weniger ehrgeizig formuliert, kann und muss man sich in jedem Fall mit der Eliminierung typischer Kreativitätsblocker beschäftigen.

Aus meiner Erfahrung ist ein zu hoher gefühlter Leistungsdruck eine häufige Kreativitätsblockade. Der Mechanismus ist hier denkbar einfach: Um das anstehende Problem schnell zu lösen, wählt man die naheliegendste und vermeintlich einfachste Lösung. Vielfach werden die offensichtlichen experimentellen Ansätze unter Zeitdruck einfach wiederholt oder nur leicht abgeändert. Diese Falle ist ein häufiger Fehler von unerfahrenen Forschungsteams. Solche Projektteams haben sich meist kein realistisches Zeitziel gesetzt und erzielen daher selbst im schnellen Erfolgsfall nur durchschnittliche Lösungen. Ein kluges Projektteam setzt sich ehrgeizige Ziele, nimmt sich mehr Zeit und geht von Beginn an mehrere möglichst grundsätzlich verschiedene Wege. Das erhöht die Wahrscheinlichkeit eines echten Erfolges erheblich.

Ein weiterer Blockadegrund ist die mangelnde Chemie zwischen den Teammitgliedern. Es kommt vor, dass Teammitglieder nicht hinreichend miteinander interagieren, weil sie sich nicht gegenseitig respektieren. Das ist jedoch für einen erfahrenen Projektleiter oder Forschungsleiter sehr schnell sichtbar. Hier besteht dann dringender Handlungsbedarf durch eine Neubesetzung des Teams.

Der kreative Forscher

Kreativität ist die Fähigkeit, etwas zu erschaffen, was neu oder originell und dabei nützlich oder brauchbar ist, liest man bei *Wikipedia.* Ich möchte hier keine wissenschaftlich-philosophische Ausführung über das Thema *Kreativität* abgeben, und doch seien hier noch mal kurz die dort aufgeführten Merkmale eines kreativen Menschen zusammengefasst. Die Daten stammen aus einer Meta-Analyse mit ca. 13.000 Personen:

Persönlichkeitsmerkmale einer kreativen Person	
teamdienlich	**weniger teamdienlich**
beharrlich	impulsiv
intrinsisch motiviert	dominant
ambiguitätstolerant	ablehnend
spontan	wenig verträglich
frustationstolerant	Normen anzweifelnd
liebt komplexe Sachverhalte	introvertiert
neugierig	autonom
selbstreflektierend	
ehrgeizig	
selbstbewusst	

Abb 6.: Persönlichkeitsmerkmale einer kreativen Person

In der Tabelle habe ich die genannten Eigenschaften nach Teamverträglichkeit sortiert. Wie nicht anders zu erwarten, sind Forscher mit hohem Kreativitätspotenzial nicht immer leicht im Umgang und folglich nicht immer sehr leicht in Teams zu integrieren. Diese Tabelle sollte in jeder Personalabteilung von kreativen Unternehmen stets präsent sein, wenn es um die Entscheidung der Besetzung von Forschungsteams geht.

Der größte Fehler vieler Unternehmen ist sicherlich, es sich zu einfach zu machen und nur Mitarbeiter einzustellen, die möglichst nicht die weniger teamdienlichen Eigenschaften aufweisen. Einige meiner kreativsten Mitarbeiter waren in der Tat sehr schwierig im Umgang, aber extrem wichtig für das Unternehmen. Diese Mitarbeiter tragen zu einem Spannungsfeld im Team bei, das sehr hilfreich für ein kreatives Team sein kann, wenn die Führung und Moderation des Teams so gestaltet wird, dass man ein Höchstmaß an Offenheit und Kritik erlaubt. Die Grenze liegt natürlich da, wo eine konstruktive Arbeit nicht mehr möglich ist oder gar einzelne Teammitglieder persönlich angegangen werden. Das Team ist dann optimal, wenn es mit der notwendigen Zahl diverser, kreativer Mitarbeiter besetzt ist und die Interaktionsaktivität maximal ist. Dazu ist eine gewisse Streitbereitschaft erforderlich, die die Chance zur Kreativität und damit Qualität liefert.

Im Zusammenhang mit der Effizienz der Forschung interessiert aber, was die Kreativität im Team fördert oder blockiert. Es ist ganz hilfreich, sich im Forschungsalltag von einem oder mehreren Besuchern eine Rückmeldung über das Interaktionsverhalten des Teams geben zu lassen. Nehmen alle aktiv teil? Wird überhaupt im Sinne der Sache intensiv gestritten? Wenn ja, ist die Diskussion konstruktiv? Werden auch schwierige grundsätzliche Warum-Fragen gestellt? Darf man überhaupt die Ziele und Strategien wieder infrage stellen, wenn sich neue Daten ergeben? Oder beharren der Projektleiter und ein Teil des Teams auf dem sturen Durchziehen des Projekts? Kommen alle Ideen auf den Tisch? Oder dominieren eine oder wenige Personen mit ihrer Agenda?

Kreativität und Funktionalität im Team gemeinsam optimieren

Es ist weithin bekannt, dass ein funktionierendes Team fast immer schneller zu Lösungen kommt als eine Einzelperson. In einem Fortbildungsseminar für Führungskräfte habe ich das selber mal auf eindrucksvolle Weise erfahren, als es darum ging, eine komplexe Aufgabe zu lösen: Alle Teams lösten die Aufgabe deutlich schneller als die Einzelpersonen. Das ist nicht verwunderlich, wenn man die trivialen Möglichkeiten der Aufgabenverteilung betrachtet. Aber es geht natürlich darum, dass das Forschungsteam deutlich besser ist als die Summe seiner Mitglieder. Und *besser* heißt hier nicht nur *schneller*, sondern es sollen auch qualitativ bessere Lösungen entstehen. Dazu bedarf es allerdings unter Führung einer geschickten Teamleitung der gemeinsamen Optimierung von Kreativität und Funktionalität. Das ist jedoch nicht immer einfach.
In der Praxis wird im Team meist deutlich mehr Wert auf die Funktionalität gelegt. Das ist verständlich, denn die Menschen haben ein großes Harmoniebedürfnis. Inspiration und Teamkreativität sind aber häufig nur durch produktiven Austausch der oft gegensätzlichen Positionen in Teams auszulösen. Die Teammitglieder müssen immer wieder auch grundsätzlich neuen Impulsen ausgesetzt werden. Das ist in der Praxis auch für rational denkende Naturwissenschaftler nicht immer einfach zu ertragen, weil man aus seiner Komfortzone raus muss und geäußerte Kritik oft als persönlich empfunden wird. Hier kommt dem Teamleiter eine zentrale Bedeu-

tung zu. Es gilt für ihn, die richtige Balance im Team zu finden. Es gibt sicher nicht *das* ideale Teamverhalten, das der Kreativität die optimale Chance bietet. Dennoch gibt es einfache Möglichkeiten, ein Team aus der Sackgasse von Routine und eingefahrenem Denken herauszuholen. Zwei Methoden, mit denen ich gute Erfahrungen gemacht habe, sollen hier mal vorgestellt werden:

Das Brainstorming als ideengebende Methode
Eine der häufigsten Situationen in einem Forschungsprojekt ist das *auf der Stelle treten*: Das Team arbeitet fleißig, kommt aber nicht voran oder dreht sich im Kreis. In der Tat ist hier das Brainstorming sinnvoll, eine bekannte und bewährte Arbeitstechnik der Kreativitätsförderung. Es ist eine ideengebende Methode. Wir haben sie mit Erfolg in der Medizinischen Chemie in Phasen eingesetzt, in denen kaum Fortschritte sichtbar wurden:
Die Optimierung einer Leitstruktur mittels der Strukturwirkungsbeziehungen ist eine sehr komplexe Aufgabe, in der es darum geht, eine mäßig wirksame und verträgliche Substanz durch Variation der chemischen Struktur bezüglich mehrerer Parameter zu optimieren. Dies ist ein semi-rationaler Prozess, in dem es einige etablierte Grundregeln des Vorgehens gibt, aber auch viele Sonderfälle und Ausnahmen. Die Variationsmöglichkeiten einer solchen Strukturoptimierung sind nahezu unendlich, wenn man den Prozess startet. Die Zahl reduziert sich dann schnell beträchtlich, wenn man die zu optimierenden Einzelparameter eines Wirkstoffs als notwendige Filter betrachtet. Typischerweise werden durchaus 10.000 neue Substanzen konzipiert und ca. 2000–3000 davon synthetisiert, bevor ein neuer Pharmawirkstoff zur Anwendung am Menschen identifiziert wird. Es geht also am Anfang eines Prozesses darum, die erfolgversprechendsten Ausgangsstrukturen zu wählen, um daraus die finale Substanz für das Arzneimittel zu finden.

Um das Brainstorming bei einer solchen komplexen Forschungs-fragestellung erfolgreich einzusetzen, braucht man etwas Vorbereitung. Es geht in diesem Fall darum, nicht im Projektteam befindliche Fachkollegen soweit in die Materie einzuarbeiten, dass sie neue Ideen meistern können. Also verteilt man etwa eine Woche vor dem eigentlichen Brainstorming Basisinformationen zum Projekt und zur Fragestellung des zu lösenden Kernproblems. Hier gilt es für das veranstaltende Team darum, dass richtige Maß an Information zu finden. Zu viel Information, insbesondere zu viele Detaildaten, sind an dieser Stelle kontraproduktiv, da sie die Wahrscheinlichkeit für wirklich neue Ideen nicht erhöhen.

Für die eigentliche Veranstaltung wählt man einen unvoreingenommenen Moderator, der vom Team akzeptiert wird und auch Teammitglied sein kann. Die Umgebung und Rahmenbedingungen sollten bewusst anders als bei üblichen Teamsitzungen sein: ein anderer Raum, Kaffee und Kekse etc. und z. B. die Metaplantechnik sollten vorhanden sein. Die vorinformierten Nicht-Teammitglieder können nun das Projektteam ergänzen. Insgesamt sollte die Gesamtzahl möglichst 20 Personen nicht überschreiten.

Eine kleine Einführung des Projektes durch den Moderator zu Beginn der Veranstaltung und die Erklärung der Spielregeln sind nötig. Die wichtigste Spielregel ist: keine Killerphrasen während der Ideenphase. Jede, aber auch wirklich jede noch so abwegig oder verrückt erscheinende Idee, die während der folgenden 45 Minuten geäußert wird, wird festgehalten. Dies kann durch Kartenabfrage und oder durch Zuruf erfolgen. Der Moderator oder eine andere Person notiert die Idee. Frisch geäußerte Folgeideen sind oft dann besonders wertvoll, wenn sie spontan als Reaktion auf eine gerade vorher gefallene Bemerkung erfolgen. Die Diskussion sollte lebhaft, lustig und hoch interaktiv sein, möglichst viele Teilnehmer im Raum einschließen und es darf ruhig etwas chaotisch sein. Der größte Wert dieser Methode liegt in der spontanen Interaktion sehr verschiedener Experten, die sich nun trauen, auch mal etwas Verrücktes und wenig zu Ende Gedachtes von sich zu geben. Gerade das katalysiert dann beim nächsten Kollegen oft eine neue Assoziation und so gibt es eine gewisse Chance, dass auch eine größere neue Idee entsteht, die von mehreren Beteiligten in einer Art verbalem Pingpong geboren wird.

Schaffen die Teilnehmer es, ihre Hemmungen abzulegen und z. B. auch mal etwas Falsches oder Vorläufiges zu sagen, dann ist das Brainstorming an dieser Stelle schon ein Erfolg. In all den Jahren hatten wir in unseren Brainstorming-Runden an dieser Stelle eine Fülle von neuen Ideen und eine sehr positive Stimmung, was mindestens ebenso wichtig für die Moral des Teams ist.

Eine erste Sortierung und Gruppierung der Ideen sollte sogleich unter Leitung des Moderators erfolgen, da jetzt noch Beiträge frisch im Gedächtnis sind und während dieser Phase mittels der Kartentechnik unter Mitwirkung des gut gelaunten erweiterten Teams schon durch weitere spontane Bemerkungen ausgebaut werden können. Wünschenswert ist natürlich, dass möglichst zwei bis drei völlig neue Ideenfelder profiliert werden und alle nach einem kurzen Fazit der Veranstaltung durch den Moderator mit dem Gefühl aus dem Raum gehen, dass sich nun neue Chancen durch neue experimentelle Ideen auftun.

Eine erweiterte Auswertung des Brainstormings vom Team erfolgt später, wobei die Ideen noch mal vertieft oder verworfen werden. In jedem Fall sollte das Kernteam nach wenigen Tagen oder maximal zwei bis vier Wochen eine Rückmeldung zu dem Brainstorming und den praktischen Konsequenzen auf die weitere Teamarbeit geben.

Nicht jedes Brainstorming bringt den großen Durchbruch, obwohl wir tatsächlich auch solche Beispiele in unserer Wirkstoffsuchforschung hatten, die uns auf den entscheidenden Weg des Entwicklungsprojekts brachten. Aber häufig kam das Team durch einige Anregungen während des Brainstormings im Nachhinein wieder selbst zu anderen neuen Ideen.

Die gegenseitige Projektevaluierung in großen Forschungseinrichtungen

Hat man in einer großen Forschungsorganisation die Möglichkeit, an verschiedenen Stellen ähnliche Forschungsprojekte vorzufinden, so sollte man durchaus mal die Projekte für eine gegenseitige Projektevaluierung temporär *tauschen*, also gegenseitig bewerten lassen. Der Vorteil liegt darin, dass andere Experten, die möglichst auch an einem anderen Standort auf einem etwas andern Arbeitsgebiet forschen, vielfach deutlich verschiedene Perspektiven zu dem Projekt entwickeln und damit auch andere Herangehensweisen formulieren. Ein einfaches Vorgehen ist die gegenseitige separate Analyse der Teams, um dann abschließend jeweils gemeinsam die abweichenden Strategien und Vorschläge zu besprechen. In einer Kultur des gegenseitigen Respekts kann das in einigen Fällen zu einer Erweiterung oder Kurskorrektur des Projektes und damit zu einem schnelleren Durchbruch führen.

Das Vorgehen muss nicht auf global agierende Konzernen beschränkt bleiben, sondern ist sicher auch vorstellbar für Projektgruppen innerhalb staatlicher Großforschungseinrichtungen oder gar zwischen Arbeitskreisen von Universitäten, die an verwandten Themen arbeiten. Das ist natürlich nur möglich in einer Atmosphäre des Vertrauens. Die dahinterstehende Botschaft lautet daher, mehr Vertrauen wagen.

Die Schlüsselposition des Forschungsteamleiters

Es überrascht nicht, dass der Leiter eines Forschungsteams entscheidenden Einfluss auf die Teamkultur hat. Im Umkehrschluss heißt das, dass diese Person das Vertrauen des Teams *und* der Forschungsleitung braucht. Dazu bedarf es transparenter, ehrlicher Verhaltens- und Vorgehensweisen, ausreichenden menschlichen und fachlichen Verständnisses und guter Fähigkeiten in der Moderation und Präsentation der Daten. Das Durchsetzungsvermögen muss sich aufgrund der Überzeugungskraft ergeben. In der Tat scheitert so manches Projekt nicht an der Wissenschaft, aber an den Schnittstellen Team/Management oder Team / andere Einheiten. Und so laufen manchmal gute Ansätze ins Leere, wenn sie vom Projektleiter nicht richtig kanalisiert werden.

Leider wird in machen F&E-Abteilungen großer Firmen zwar viel Wert auf die Bestbesetzungen bei den Entwicklungsteams gelegt, aber deutlich weniger bei den kleineren Forschungsteams. Das ist schon mittelfristig ein großer Fehler, der sich stark auf die Produktivität der Forschung auswirkt.

Die beste Organisationsform in der Forschung

Wenn etwas in einer Firma nicht so richtig läuft, dann wird erst einmal die Organisation der Einheit dafür verantwortlich gemacht. Das scheint plausibel. Es gibt zahlreiche Organisationsformen, angefangen von rein hierarchischen Organisationsstrukturen über Matrixorganisationen hin zu sehr flachen Projektorganisationen. Da ich in fast allen dieser Organisationen gearbeitet habe, kann ich sagen, dass es für alle Formen Vor- und Nachteile gibt, die ich in diesem Buch nicht diskutieren möchte. Neue Forschungsleiter organisieren liebend gerne um, wenn sie ihre neue Position antreten, um so auch formal ihren Neuanfang sehr deutlich zu machen. In Firmen werden Umorganisationen auch gerne dazu benutzt, um Personalabbau in der Praxis effizienter zu realisieren und sich von unliebsamen Mitarbeitern zu trennen.

In den meisten Fällen schaden große Umorganisation mehr, als sie nutzen, da sie große Unruhe und Diskussionen hervorrufen, die von der eigentlichen Arbeit ablenken. Erfahrungsgemäß verliert man mindestens ein Jahr, bis alle die neue Organisation und die damit verbundenen Regeln verstanden haben. Kurzum, man sollte diese Maßnahme zumindest in der Forschung nur im äußersten Notfall anwenden, also dann, wenn die Zusammenarbeit so chaotisch ist, dass sie die Arbeit behindert.

Empfohlen wird eine flache Organisation, in der sich die Projektteams wirklich auf ihre Arbeit konzentrieren können und nicht durch sinnlose prozedurale Diskussionen, etwa eigene Budgetverwaltung etc., abgelenkt sind. Die Teams sollen maximale Freiheit und Kompetenz haben, soweit es um ihre Gestaltungsmöglichkeiten geht. Die Regeln der Zusammenarbeit müssen einfach und transparent sein. Es muss klar sein, dass die besten Forscher, belegt durch ihre Ergebnisse und Erfolge, die wichtigsten Mitarbeiter sind und auch dementsprechend Einfluss haben. Ein hochdifferenziertes System mit vielen verschiedenen Titeln der Teammitglieder lenkt die Aufmerksamkeit eher auf nebensächliche Formalien. Wenn etwas nicht läuft in einer Forschungseinheit, dann ist es fast immer die unstimmige Forschungskultur, die natürlich durch das Verhalten der Menschen, also der Vorgesetzten, der Teamleiter und der Forscher selbst bestimmt wird. Konflikte sollte man innerhalb einer einfachen Organisation leichter dadurch lösen können, dass man miteinander und nicht übereinander offen spricht.

Jedem Mitarbeiter in der Forschung muss klar sein, dass es ein Privileg ist, in der Forschung arbeiten zu dürfen, weil jede dieser Tätigkeiten eine maximale intellektuelle und experimentelle Herausforderung ist. Man hat eine hohe gestalterische Verantwortung, aus der man seine Motivation sehr leicht beziehen kann. Vorausgesetzt also, dass man sich dieser extrem schwierigen, aber spannenden Aufgabe stellen will, braucht man die volle Konzentration und optimale Arbeitsbedingungen, um erfolgreich zu sein.

Talentierte Forscher sind vom Charakter her nicht immer einfach. Man sollte sie nicht mit unnötig komplizierten Hierarchieregeln ärgern. Die Organisationsform sollte am Ende helfen, dass den Forschern selbst ein Höchstmaß an Bürokratie abgenommen wird. Dies gelingt am besten, wenn es eine kleine Paralleleinheit gibt, die die notwendigen bürokratischen Aufgaben für alle übernimmt. Diese organisatorischen Pflichten werden mit der ständig steigenden Zahl formaler bürokratischer Aufgaben ein zunehmendes Problem nicht nur, aber auch in der Forschung.

Optimale Ressourcen, Infrastruktur, kritische Massen und Lernzyklen

Für jedes Forschungsvorhaben sind natürlich die adäquaten Ressourcen ein wichtiges Erfolgskriterium. Jeder Arbeitsgruppenleiter, der zunächst einmal ein Institut aufbauen muss, weiß, wie viel Infrastruktur die Forschung braucht. Die Gebäudeinfrastruktur sowie die modernste technische Laborausstattung inklusive der neuesten Spezialgeräte sind unabdingbare Voraussetzung, um wettbewerbsfähig forschen zu können. Auch der Service zur Wartung und Unterhaltung dieser speziellen Forschungstechnik ist essenziell, um unnötige Ausfallzeiten zu vermeiden. Häufig wird hier unzureichend geplant und an der falschen Stelle gespart. Kein Forscher kann ausreichende Ergebnisse erzielen, wenn er nicht die benötigte Messzeit an Großgeräten zugeteilt bekommt. Falls dann noch Wartung und technisches Personal fehlt, kann das auch eine exzellente Wissenschaftlergruppe lähmen.

Dieser Teil der Ressourcenbereitstellung dürfte wenig umstritten sein, auch wenn in der öffentlichen Hand die Gerätschaften oft in nicht ausreichender Zahl oder nur in veralteten Modellen vorhanden sind. Schwieriger ist die Diskussion um die richtige Personalzusammensetzung und stärke: In der Praxis schreien die Forscher sehr schnell nach mehr Personal. Das ist eine nachvollziehbare Forderung in der kommerziellen sowie der akademischen Forschung. Meiner Erfahrung nach gibt es aber ein Optimum in der Personalstärke. Sowohl experimentelle als auch theoretische Forschungsprojekte erfordern ein kritisch besetztes Team, das nicht nur zahlenmäßig, sondern auch den Fachrichtungen nach ausreichend besetzt sein sollte. Ist ein solches Team dann mal eine gewisse Zeit bei der Arbeit, so sieht man meist sehr schnell, ob es produktiv arbeitet. Die Dynamik eines guten und zufriedenen Teams stellt sicher, dass es in Eigenregie die richtigen Prioritäten setzt und ein Gefühl für eine angemessene Leistung entwickelt. Dieses Team arbeitet dann schon nahe am Optimum. Bringt man nun neue Leute ins Team, so kann man nicht unbedingt einen proportionalen Produktivitätszuwachs sehen. Zum einen gewinnt man mit weiteren Mitarbeitern, insbesondere wenn man unter Zeitdruck nicht die optimalen Forscher findet, nicht notwendigerweise die benötigte diverse Breite und Kreativität.

Ein anderer nicht immer erwünschter Effekt der Personalverstärkung eines Teams ist eine zusätzliche Fleißkomponente. Nicht selten werden die Ansätze, die im Kernteam mit zweiter Priorität versehen waren, nun abgearbeitet. Bei dem neuen Mitarbeiter entsteht schnell das Gefühl, zweite Wahl zu sein. Und eigentlich sind diese Ansätze, die unter niedriger Priorität laufen, am Ende doch nicht erfolgreich und somit bearbeitenswert. Es wäre sinnvoller, die neuen Mitarbeiter zu bitten, von Anfang an grundsätzlich neue Ansätze zu suchen. Das passiert meist zunächst nicht. Nur sehr gute Teams und Teamleiter bringen den Mut auf, diese nachrangig liegen gebliebenen Vorschläge zu ignorieren und mutig nach einem neuen Durchbruch zu suchen. Wenn man nach wirklich alternativen Ansätzen sucht, bringt selten die fleißige Abarbeitung von analogen Aktivitäten den Erfolg. Dies lehrt zumindest bei völlig neuartigen Forschungsvorhaben die Erfahrung. Statt eine Reihe sehr ähnlicher Ansätze durchzudeklinieren, wäre es sinnvoller, die Zeit in Nachdenken zu investieren und nur deutlich innovative Ansätze experimentell auszuprobieren.

Leider ist das eine Erkenntnis, die beim Thema *besser forschen* nicht immer so leicht in die Praxis umzusetzen ist. Also lernen wir, dass zusätzliche Ressourcen längst nicht immer bedeuten, dass man eine Idee dadurch proportional beschleunigen kann.

Neben dem beschriebenen Trägheitseffekt im Team sind es natürlich auch die Lernzyklen im Projekt, die eine gewisse nicht zu verkürzende Zeit für den Erfolg bedingen. Typischerweise läuft in den meisten Forschungsprojekten der Zyklus Hypothese – Experiment – Ergebnis – Auswertung ab. Erst auf Basis der ausgewerteten Ergebnisse kann die Hypothese verfeinert werden und ein neuer Zyklus starten. Die Dauer der Experimente ist meist nur begrenzt verkürzbar und diktiert daher auch die Gesamtgeschwindigkeit des Projektes. Dieser recht einfach verständliche Zusammenhang zwischen Lernzyklus und Fortschritt des Projektes wird bei den Managern oft vergessen, wenn man mit Gewalt in unrealistisch kurzen Zeiträumen ein Forschungsergebnis erzielen will. Darüber hinaus verkennen Forschungsplaner, dass entscheidende Ideen sich in der Regel nicht sofort einstellen, sondern manchmal erst später reif wie eine Frucht vom Himmel fallen.

Was man nun bei sehr wichtigen Projekten tun kann und sollte ist, gleich zwei oder sogar drei Sub-Teams in fairer Arbeitsteilung parallel grundsätzlich verschiedene Strategien bearbeiten zu lassen. Entscheidend ist, dass hier die Teams mit fairen Ressourcen und Prioritäten in einem offenen Wettbewerb und gegenseitiger Information miteinander um die beste Lösung ringen.

Das Modell *Start-up-Firmen* in Deutschland verstärken

Start-up-Firmen unterliegen einem besonderen Erfolgsdruck, da sie meist mit einer innovativen Idee gegründet wurden und dann mit begrenztem Kapital und Zeit erfolgreich sein müssen. Das hat für die Forschung Vor- und Nachteile.

Einerseits kann es durchaus vorteilhaft sein, wenn die Mitarbeiter die strengen Rahmenbedingungen kennen und jedem klar ist, dass man sich nur die besten und schnellsten Ideen leisten kann. Diese Fokussierung ist durchaus positiv zu sehen und lässt jeden Forscher doppelt darüber nachdenken, ob er sich ein nicht unbedingt benötigtes Luxusexperiment leisten will.

Ein zu großer Erfolgsdruck kann aber auch ein Team paralysieren und die Kreativität ausbremsen. Die noch größere Gefahr ist, dass halb fertige oder nicht reproduzierbare Ergebnisse zu positiv bewertet werden und nicht ausgereifte Produkte vorschnell entwickelt werden. Häufig wird das erst sichtbar, wenn ein erfahrener Kooperationspartner in die Realisierung des Projekts eintritt. Nicht selten muss dann die Forschungsphase noch mal verlängert werden, weil die Ergebnisse sich als doch unzureichend erweisen.

Nichtsdestotrotz sind die Start-ups, so wie wir das Model seit Jahrzehnten aus den USA kennen, ein enorm effizientes Instrument, um in einem neuen Arbeitsgebiet schnell Fortschritte zu erzielen oder aber herauszufinden, dass ein Arbeitsgebiet keine Perspektive hat. Ich möchte zur Veranschaulichung hier zwei historische Beispiele nennen:

Die erste große Welle der Biotechnologie-Start-ups gründete sich in den USA, nachdem die molekularbiologischen Methoden soweit gereift waren, dass man im Prinzip jedes Protein durch neue molekularbiologische gentechnische Methoden künstlich in größeren Mengen herstellen konnte. Um das Jahr 1980 begann daher eine Gründungswelle von Biotech-Firmen, die mit frisch ausgebildeten jungen Molekularbiologen unter der Leitung einiger erfahrener Hochschullehrer diese Technologien kommerziell zu nutzen versuchten. In den Bereichen *Pharma*, *Diagnostik*, aber auch *Landwirtschaft* und *Ernährung* hielt so die Gentechnik sehr schnell Einzug, während etablierte Pharmafirmen sehr viel zögerlicher allmählich molekularbiologische Forschungseinheiten aufbauten. Aus mehr als 100 Biotechfirmen, die alleine in den USA zu Beginn der 80er-Jahre neu gegründet wurde, kristallisierten sich unter dem schon erwähnten Erfolgsdruck sehr schnell wenige große Gewinner heraus. Die erfolgreichsten unter ihnen, z. B. *Genentech*, *Amgen* und *Biogen* und sind inzwischen längst zu großen innovativen Pharmafirmen geworden. Viele andere waren weniger erfolgreich und sind wieder verschwunden. Insgesamt hat jedoch diese sehr lebhafte Start-up-Szene den USA einen weltweiten Vorsprung in der Biotechnologie beschert, der auch heute noch anhält. Das Prinzip hat sich in ähnlicher Weise bei der Computerentwicklung und den Informationstechnologien mit großem Erfolg wiederholt.

Aber die von Venture-Capital getragenen Start-ups müssen nicht immer erfolgreich sein; sie können mit den gleichen Spielregeln auch zur schnellen Devalidierung einer Technologie beitragen. In diesem Zusammenhang möchte ich ein weniger bekanntes Beispiel, die Evaluierung des Arbeitsgebietes *Kombinatorische Chemie* näher ausführen: Anfang der 90er-Jahre stellte sich in der Pharma-Wirkstoffsuchforschung die Frage, ob man wirklich jede zu prüfende Substanz einzeln mühsam vom Chemiker herstellen lassen muss, um sie dann von Biologen testen zu lassen. Die Testung war in der Tat schnell und elegant zu miniaturisieren und zu automatisieren. Als dieses Problem gelöst war, träumten viele forschende Pharmafirmen von der gleichzeitigen Simultansynthese von mehreren Tausend oder gar Millionen chemischen Verbindungen in einem Reagenzglas, um sie dann durch intelligente dekonvulative Testverfahren automatisch in ihrer biologischen In-vitro-Aktivität zu prüfen. Im Erfolgsfall hätte dies sehr viel Zeit, Geld und Chemikalien gespart. Mit dieser Perspektive gründeten sich binnen zwei Jahren in den USA mehr als 40 neue Start-up-Firmen, die nach diesem Konzept in verschiedenen Varianten sehr viele Substanzen parallel synthetisierten und testeten. In diesem Fall hat keine dieser Firmen mit ihrem Konzept überlebt, da sehr viele Probleme nicht gelöst werden konnten, insbesondere was die Universalität der Chemie anging. Dennoch muss man diese intensive Phase der Tauglichkeitsprüfung einer neuen Technologie in sehr kurzer Zeit volkswirtschaftlich gesehen als einen Erfolg werten, da trotz Teilerfolgen ein klares negatives Resümee gezogen werden konnte. Hätte man mühsam durch öffentliche Förderung zu diesem Schluss kommen wollen, so hätte es Jahre länger gedauert. Dadurch wäre es am Ende sogar teurer gewesen und hätte im Erfolgsfall aufgrund der langen Anlaufzeiten keine Siegchancen im Wettbewerb gehabt.

Ich habe diese Beispiele deshalb etwas ausführlicher beschrieben, um die enorme gesamtwirtschaftliche Kraft dieser Start-up-Szene zu illustrieren. Die Schlussfolgerung für Deutschland kann nur sein, dieses Instrument von schnell zu gründenden Technologiefirmen massiv zu fördern. Dies verlangt aber ein erhebliches Umdenken bei den Beteiligten:

- Die Kapitalszene muss attraktiver werden für Venture-Capital, z. B. durch Schaffung steuerlicher Vergünstigungen.
- Die Gründung von Start-ups sollte partiell stärker mit Steuergeldern unterstützt werden.
- Für Mitarbeiter sollten die Anreize für Tätigkeiten in Start-ups verstärkt werden, z. B. durch Optionsscheine oder andere Formen der Erfolgsbeteiligung.
- Gesellschaftliche Anerkennung für Start-up-Firmen und deren Mitarbeiter muss gefördert werden, auch im (häufigeren) Fall des wirtschaftlichen Scheiterns.

Wenn es uns gelingt, dieses Instrument wesentlich stärker zu implementieren, haben wir eine echte Chance, in Deutschland auch in den defizitären Gebieten der Lebenswissenschaften und Informationstechnologien wieder entscheidenden Boden gut zu machen.

Erfahrungspotenzial der Ruheständler nutzen

In unserem Land schlummert ein ungeheures Reservepotenzial an wissenschaftlicher Kompetenz, die weitgehend ungenutzt bleibt. Da ich nach meiner Pensionierung nun selber zu dieser Fraktion der *Unruheständler* gehöre, kann ich hier aus eigener Erfahrung berichten. Wenn man Jahrzehnte lang sehr gerne geforscht hat, kommt das Interesse an neuen forscherischen Fragestellungen ja nicht mit der

Beendigung der Erwerbsarbeit zum Erliegen. Und so stelle ich auch bei so manchem pensionierten Kollegen ein Interesse fest, sich weiter in einer bestimmten Weise einbringen zu wollen. In der Tat haben auch die Firmen erkannt, dass man hier unschätzbares Wissen und Erfahrung zur Verfügung haben könnte. Es wird daher versucht, Plattformen für ehemaligen Mitarbeiter zu schaffen. Das ist ein guter Ansatz, er wird aber derzeit sowohl von den Älteren als auch von den im gewerblichen Arbeitsleben befindlichen Kollegen noch wenig genutzt. Das liegt einerseits an fehlenden technischen IT-Plattformen für regelmäßigen interaktiven Austausch, andererseits gibt es auch Berührungsängste und Vorurteile bei allen Beteiligten. Hier müssen alle aus ihren alten Rollenklischees raus und mehr Interaktion wagen. Ältere Mitarbeiter haben naturgemäß eine etwas andere Sicht auf Forschungsfragen und addieren eine wichtige Diversitätskomponente in die laufende Projektarbeit der jüngeren aktiven Kollegen.

Aber das Mitarbeiten der Senioren soll sich nicht nur auf ihre ehemalige Firma oder Institut beschränken. Denkbar und machbar sind übergeordnete interdisziplinäre Expertenforen, in denen wichtige gesellschaftliche Forschungsfragestellungen ins Netz gestellt werden. Diese könnten weltweit agieren und für ein großes Innovationspotenzial sorgen.

In der Praxis zögern jedoch viele Firmen und Forschungseinrichtungen, ihre Forschung teilweise öffentlich zu machen. Der Grund liegt einmal in der Problematik der Eigentumsrechte an diesen Erfindungen. Hier lassen sich Lösungen finden, wenn man die Intranetforen mit Transparenz und klaren Regeln für Erfinder und gemeinschaftlichen nicht exklusiven Nutzungsrechten betreibt.

Ein mindestens ebenso wichtiger Hinderungsgrund liegt darin, dass keiner gerne sein Projekt für Nichtbeteiligte öffnet. Es könnte ja jemand eine einfache Lösung vorschlagen, die das Kernteam unfähig aussehen lässt. Wir werden nicht dazu erzogen, unsere Ideen zu jedem Zeitpunkt schonungslos offen zu legen. Das ist äußerst schade, da hierdurch viel interaktives Potenzial und Kreativität gerade in der Frühphase von Projektideen verloren geht. In den letzten 2 Jahren habe ich zu verschiedenen internationalen Projekten einige neuartige Ideen in bestimmte Foren eingebracht. Die Rückmeldungen waren nicht immer so zahlreich, wie ich es mir gewünscht hätte, weder in positiver noch negativer Weise.

Um also auf dieser Schiene zum Wohle der Allgemeinheit weiterzukommen, müssen wir neue Wege gehen. Dazu sollten wir für einzelne wichtige Arbeitsgebiete Know-how-Cluster gründen, die von einem öffentlichen Träger geleitet werden und in dem sich ein Pool ganz zentraler hochwichtiger Forschungsziele findet. Solche Ziele können z. B. verbesserte Energiespeicherkonzepte sein, CO_2-Vermeidung, trockenresistente Pflanzen, präventive Impfungen bei neurodegenerativen Erkrankungen. Diese Themen sind vielen Firmen entweder eine Nummer zu groß, zu langfristig oder finanziell nicht ausreichend lukrativ. Gerade deshalb müssen hier virtuelle präkompetitive Forschungsgruppen entstehen, die bestehenden Großforschungseinrichtungen, wie z. B. der *Helmholtz-* oder *Fraunhofer-Gesellschaft*, assoziiert werden können. Professionelle Projektleiter könnten mithilfe von vielen erfahrenen engagierten Ruheständlern und auch interessierten Laien und Hobbyforschern Konzepte in wissenschaftlichen Netzwerken erarbeiten und gegebenenfalls experimentell abarbeiten lassen. Den Wissenschaftlern im Ruhestand wird es nicht um eine finanzielle Entlohnung gehen, sondern um den Spaß an der Gestaltung dringend nötiger neuer Technologien und die Anerkennung ihrer Beiträge, z. B. durch Nennung ihrer Erfinderschaft in entstehenden Patenten, die für nicht-exklusive Nutzung den Technologiefirmen zur Verfügung gestellt werden könnten. So wirkt hier auch der Community-Effekt im Netz, d. h. sehr viele verschiedene Wissenschaftler verschiedenen Typs und verschiedenen Fachs interagieren stark miteinander, um gemeinsam komplexe Probleme lösen zu helfen.

Die Schaffung dieser Forschungs-Communities werden sicher etwas Anlauf brauchen hinsichtlich Themenbündelung und Rekrutierung der freien Wissenschaftler, die sich nicht für ein kommerzielles Unternehmen in einem Anstellungsverhältnis befinden, aber wir sollten das in Pilotprojekten versuchen, aus ersten Erfahrungen lernen und uns von anfänglichen Rückschlägen, die es bestimmt geben wird, nicht entmutigen lassen.

Notwendige Reformen in der Forschungsförderung

Was können wir nun konkret tun, um die Rahmenbedingungen für die Effektivität und die Effizienz zu verbessern? Die Analyse hat uns bereits die Themen vorgegeben, notwendige Maßnahmen zur forschungspolitischen Steuerung dazu sollen nun im Einzelnen konkretisiert werden.

Der Masterplan: Ein jährlich aktualisierter verbindlicher öffentlicher Katalog der Forschungsziele und Aktivitäten für Deutschland

Das Bundesministerium für Bildung und Forschung (BMBF) ist in Deutschland für die Gestaltung der Forschung auf Bundesebene zuständig. Hier werden also die Weichen dafür gestellt, was in Zukunft mit welcher Priorität wie erforscht werden soll. Schaut man heute in das veröffentlichte Konzept, so stößt man auf ein ca. 60

Seiten starkes Bekenntnispapier namens *Die Hightech-Strategie 2025*. Der Informationsgehalt ist sehr dürftig und beschränkt sich auf allgemeine Erklärungen. Alles wird angesprochen, aber es gibt keinerlei konkrete Informationen darüber,

- was wir konkret erreichen wollen,
- wie wir es erreichen wollen,
- was die Prioritäten sind und wie viel vom großen Etat in welches Arbeitsgebiet investiert werden soll oder
- worin die Strategie zur Umsetzung besteht.

Für die Strategie der Umsetzung sind bisher gerade mal drei Seiten allgemeine Absichtserklärungen ohne nennenswerte konkrete Informationen auf der Webseite des BMBF zu finden.

Wir brauchen also ein BMBF, das bereit ist, eine wirkliche Gesamtstrategie zu formulieren und mit Zielen und Zahlen offenzulegen, sodass man in etwa nachvollziehen kann, wer zum gegebenen Zeitpunkt in Deutschland an welchem Thema mit welcher Zielsetzung forscht.

Davon sind wir derzeit meilenweit entfernt. Der Steuerzahler hat aber ein Recht darauf, dies zu erfahren, insbesondere wenn wir erwarten, dass er Vertrauen in die Forschung haben soll.

Die Großforschungseinrichtungen in führender Rolle

Wir haben in Deutschland bereits funktionierende große Forschungsorganisationen für die wesentlichen Lebensbereiche:

Einrichtung	Aufgabenbereich	Zahl der Institute	Budget	Zahl der Mitarbeiter
Universitäten, FH	Lehre und Forschung	120/210	32 Mrd. €	46.500
Fraunhofer Gesellschaft	technisch, anwendungsorientiert	74	2,8 Mrd. € (incl. Vertragsforschung)	28.000
Helmholtz-Gesellschaft	Großgeräteforschung	19	5 Mrd. €	42.000
Leibniz-Gemeinschaft	Grundlagenforschung für alle wissenschaftlichen Bereiche	95	1,9 Mrd €	20.500
Max-Planck Gesellschaften	spezialisierte Spitzenforschung	86	1,9 Mrd €	24.000

Einrichtung	Aufga-benbereich	Zahl der Institute	Budget	Zahl der Mitarbeiter
Akademien der Wissen-schaft	beratende Funktionen	Leopol-dina, Acatech, Junge Akade-mie u. a.	ca. 100 Mio € incl. För-derpro-gramme	ca. 2100 Mitglieder
Bundesfor-schungsein-richtungen	spezifische Dienstleis-tungen und Forschung des Bundes	ca. 40	?	>10.000, geschätzt
Landesfor-schungsein-richtungen	spezifische Dienstleis-tungen der Länder	ca. 160	?	>10.000, geschätzt
industrielle F&E	produkt-orientierte F&E	?	?	451.000 F&E 236.000 in F

Abb. 7.: Großforschungseinrichtungen in Deutschland, 2019[11]

Die Tabelle zeigt, dass es komfortable Forschungsressourcen so-wohl im öffentlichen Sektor (ca. 30 %) als auch im privaten Be-reich gibt, der in Deutschland etwa 70 Prozent der F&E-Ausgaben tätigt. Insofern geht es hier zunächst mal nicht darum, noch mehr

Geld auszugeben, sondern das vorhandene Geld noch zielgerichteter und effizienter einzusetzen.

Nicht jedem Modethema nachlaufen, Redundanzen eliminieren

Es klingt banal, aber ja, es gibt teils starke Überlappungen von Forschungsprojekten, und das sowohl in der kommerziellen als auch in der öffentlichen Forschung. Aus langer Erfahrung kann ich sagen, dass nicht wenige große Forschungsprogramme im industriellen Wettbewerb bei verschiedenen unabhängigen Firmen fast völlig identisch aufgesetzt sind und auch zeitgleich ablaufen.

Nun mag man das in der freien Marktwirtschaft als normal und sinnvoll empfinden, aber eine zu starke Synchronisation der Forschung ist auch für die Firmen ein sehr hohes Risiko, da der Markt den zweiten Sieger meist nicht mehr entsprechend belohnt. Volkswirtschaftlich ist eine zu starke Parallelisierung sehr ähnlicher Forschungsprojekte eine große Verschwendung materieller und intellektueller Ressourcen. Man sollte also immer die Kernfrage stellen: *Warum glauben wir, dass wir dieses Projekt erfolgreicher als Wettbewerber X oder Forschungsgruppe Y abschließen können?* Falls es gar keine Antwort auf diese Frage gibt, sollte man sich die Beteiligung an einem Wettrennen, bei dem es schon mehrere qualifizierte Teilnehmer gibt, sorgfältig überlegen. Dieser Grundsatz kann für öffentliche Forschung ebenso gelten. Letztlich ist auch die Entscheidung, an einem gerade aktuellen Forschungsthema aus nachvollziehbaren Gründen nicht teilzunehmen, ein Erfolg, da man sich dadurch einem anderen, vielleicht sogar besserem Projekt widmen kann.

Ein geradezu extremes aktuelles Beispiel ist das weltweite Engagement der Forschung für einen Corona-Impfstoff. Dieses sehr wichtige Thema verträgt sicherlich mehrere verschiedene strategische Ansätze, die schnell und parallel zum Erfolg geführt werden müssen. Tatsächlich haben sich aber deutlich über 100 Firmen in dieses Rennen begeben, wobei sehr viele keinen originären Ansatz im Vergleich zu Wettbewerbern haben. Diese Ressourcen werden von anderen wichtigen Herausforderungen im Gesundheitswesen abgezogen und hinterlassen entsprechende Lücken in wichtigen Gesundheitsbereichen.

Um die Größenordnungen dieser Flurschäden an einem Beispiel darzustellen, gehen wir noch mal in die Forschung zur Alzheimerschen Erkrankung: Auf Basis einer zunächst unzureichend ausgearbeiteten Amyloid-Hypothese engagierten sich mehr als zehn große globale Pharmafirmen für das zweifelhafte Ziel, die normal Produktionsrate des Beta-Amyloid-Moleküls zu senken und über die Hemmung der zuständigen Enzyme Beta- und Gamma-Sekretase zu einem Therapeutikum für diese Erkrankung zu kommen. Weit über 15 Jahre engagierten sich also weit über 1000 Wissenschaftler in sehr ähnlicher Weise. Rund acht hochselektive und wirksame Inhibitoren dieser beiden Enzyme wurden mit sehr viel Aufwand identifiziert und klinisch getestet, nur um herauszufinden, dass ausnahmslos alle Substanzen nicht nur unwirksam sind, sondern auch transiente, kognitive Nebenwirkungen bei den Patienten hervorrufen. Unabhängig davon, dass hier ein zumindest für einen Teil der Forscher ein erwartetes Ergebnis bestätigt wurde, liegt der wirtschaftliche Schaden bei mehreren Milliarden Euro und 15 Jahren Zeit, die jetzt fehlen, um bessere Therapeutika für diese tragische Erkrankung zu erforschen. Zudem ist durch diese Wucht von sehr ähnlichen negativen Forschungsergebnissen das Vertrauen in eine präzise Beta-Amyloid-Oligomer-gerichtete Therapie mit zerstört worden. Zuviel unnötige und nicht sehr gut begründete Forschungskonzepte und ergebnisse sind eben nicht nur ärgerlich – sie schaden auch der Glaubwürdigkeit der korrigierten Konzepte im

Umfeld bis weit in die Zukunft hinein. Es hätte völlig ausgereicht, wenn dieses zu erwartende negative Ergebnis von ein oder zwei Firmen erarbeitet worden wäre.

Alle Verantwortlichen und Forscher müssen sich diverser und innovativer aufstellen und die recht übliche einfallslose Nachahmerei einstellen.

Die Universitätsforschung stärker koordinieren und bündeln

Das nicht sehr originelle Verhalten, den gerade aktuellen Themen die maximale Aufmerksamkeit zu schenken, beschränkt sich aber nicht nur auf Forschungsmanager in der Industrie, die panische Angst davor haben, einen Modetrend zu verpassen. Leider sind auch viele Arbeitskreise an der Universität bei Forschungsthemen unterwegs, die schon hoffnungslos überbesetzt sind. Wenn dann noch mangelnde Ressourcen hinzukommen, sind die Chancen für eine hochkompetitive Forschung nicht mehr gegeben. Beispielhaft möchte ich das Arbeitsgebiet der Medizinischen Chemie nennen, das naturgemäß von den forschenden Pharma- und Biotechfirmen ausreichend in hoher Qualität besetzt ist. Und doch engagieren sich viele Hochschularbeitskreise sogar bei identischen Themen, um neue pharmakologisch wirksame Substanzen zu identifizieren, die z. B. an einen Rezeptor binden, der auch im industriellen Umfeld gerade sehr beliebt ist. Sie geben sich dann damit zufrieden, eine bindende neue chemische Struktur zu finden, ohne die für eine pharmazeutische Bedeutung entscheidenden vielen weiteren Eigenschaften überhaupt prüfen zu können und zu wollen. Das Ziel bleibt hier die Publikation als Selbstzweck und die irrige Meinung, dass man seine Studenten hinreichend im Fach *Medizinische Chemie* ausgebildet hat.

Die Universitäten und ihre Geldgeber müssen in Zukunft stärker über ihre interne Struktur als auch über die zuständigen Ministerien sicherstellen, dass sie an gesellschaftlich relevanten Themen auf bestmöglichem Niveau forschen. Die Koordination auf Landes- und Bundesebene sollte sicherstellen, dass grobe Doppel- oder Mehrfacharbeiten vermieden werden.

Ein guter Ansatz in dieser Richtung sind die stark geförderten Exzellenzcluster, die seit einigen Jahren die Fokussierung auf besonders wichtige Themen steuern. Leider wurde dieses gute Prinzip so kommuniziert, dass es nur Eliteuniversitäten betrifft und profilieren soll. Natürlich können wir es uns nicht leisten, die außerhalb solcher Cluster liegende Forschung als *zweitklassig* zu vernachlässigen.

Jeder Hochschullehrer sollte seine Forschung hart nach den Kriterien der Relevanz, Qualität und Wettbewerbsfähigkeit verteidigen können. Es kann nicht toleriert werden, dass bearbeitete Themen nur aus Tradition bearbeitet und weitergeführt werden. Das ist übrigens auch nicht fair gegenüber Studenten, die sich dann mit uninteressanten oder nicht überzeugenden Ergebnissen bewerben müssen. Wir können erwarten, dass Hochschullehrer bereit sind, ihre Themen und Technologien den jeweils geltenden national wichtigen Forschungsschwerpunkten anzupassen. Im Gegenzug müssen ausreichende Mittel für eine qualifizierte Bearbeitung der Forschungsthemen auch durch Bachelor- und Mastersstudenten sowie Doktoranden bereitgestellt werden. Freiheit der Forschung in der öffentlichen Hand heißt nämlich nicht, ein beliebiges Thema beliebig bearbeiten zu können. Geleistete Forschung muss auch an den Universitäten für jeden und jederzeit an den hohen Maßstäben des Wettbewerbs auch der international guten Universitäten zu messen und zu verteidigen sein.

Transparenz durch Reformierung der Bewertungs- und Kontrollsysteme

Kontrolle ist verständlicherweise ein nicht sehr beliebtes Instrument und gilt so manchem Forscher als wenig geeignet in der Welt der Entdeckungen. Wenn wir den nun schon mehrfach erwähnten Leerlauf und die teilweise mangelnde Qualität eliminieren wollen, kommen wir jedoch ohne Bewertungssysteme und Kontrollmechanismen nicht weiter.

Grundsätzlich sollte jedes größere Forschungsthema bezüglich Themenstellung, Zielsetzung und Strategie öffentlich und transparent in einer zentralen Datenbank zugänglich gemacht werden. Hier ist nicht die Einführung neuer Formblätter gemeint, sondern dass innerhalb einer Fakultät, Universität und auch in der größeren deutschen Forschungslandschaft Akzeptanz besteht. In einer modernen Welt der Vernetzung reicht dazu, auf einer zentralen Webseite, die von allen deutschen öffentlichen Forschungseinrichtungen getragen wird, alle Forschungsaktivitäten mit den wichtigsten Kenngrößen aufzulisten und zwei unabhängige Forscher als Gutachter und Themenpaten zuzuordnen. Die Forschergruppe und die beiden Gutachter verständigen sich nach den zentralen Kriterien der Forschungsförderung über das Konzept und erreichen im Normalfall Einigkeit über den Start eines Projektes. Die wenigen schwierigen Fälle könnten von einer Schiedsstelle entschieden werden. Das gelistete Projekt wird jetzt öffentlich als gestartet auf der Webseite vermerkt und ist so für alle anderen Forscher und die Öffentlichkeit recherchierbar.

Nach dem gleichen Muster könnte man nach einem Jahr die Zwischenergebnisse und Konsequenzen diskutieren. Auch dieses Ergebnis wird auf der Webseite gelistet. Im Ergebnis kann das heißen, dass das Projekt entweder weiter wie geplant laufen kann oder aber modifiziert werden sollte. Auch ein Abbruch sollte bei entsprechenden Ergebnislagen möglich sein und nicht negativ gewertet werden.

Ein solches Vorgehen des zentralen Monitorings aller öffentlich geförderten deutschen Forschungsprojekte sollte zu einer guten Übersicht führen und damit auch ein geeignetes Multiprojektsteuerungselement für die Forschungsplaner in den Ministerien sein, um letztlich sinnlose Doppelarbeiten zu vermeiden.

Hat man diesen Teil der umfassenden Listung mit den zentralen Kennzahlen verfügbar, wäre ein entscheidender Schritt Richtung Transparenz und besserer Planung der Forschung gemacht. Diese Vorgehensweise sollte uns auch einen großen Schritt in Richtung offener Forschungskultur voranbringen.

Sensible Zwischenergebnisse wären selbstverständlich nicht öffentlich und könnten jederzeit über entsprechenden Zugang nur für die beteiligten Forscher und Gutachter selbst geschützt werden.

Interdisziplinäre Kooperationsprojekte priorisieren

Um den vertikal denkenden Spezialisten in sehr kleinen Arbeitsgebieten teilweise aus ihren Sackgassen zu helfen, bedarf es forschungspolitischer Alternativen und Anreize. So gilt es in Zukunft, wichtige und schwierige Fragestellungen – möglichst mit mehreren wissenschaftlichen Blickwinkeln – bevorzugt zu fördern, indem man entweder Forscher verschiedener Ausbildung oder auch Denkweise in kooperativ durchgeführten Projekten bevorzugt fördert. So könnten sinnvolle Großprojekte auf europäischer Ebene mehr Format gewinnen, falls es gelingt, solche Projekte mit einer professionellen Projektleitung wirkungsvoll nach den oben genannten Regeln der Kontrollen und des Feedbacks durchzusteuern. Statt des üblichen Gießkannenprinzips könnten nun die Forscher zusammenfinden, die in ihrem Denken und Know-how synergistisches Potenzial haben und so als Team eine höhere Erfolgswahrscheinlichkeit erwarten lassen. Nicht jedes Land muss in allen Technologiefeldern gleich stark vertreten sein. Der Sinn von echter Kooperation besteht darin, dem Partner zu vertrauen und sich folglich komplexe Technologiefelder strikt nach Kompetenzkriterien wirklich partnerschaftlich aufzuteilen.

Große öffentliche Projekte im Cloudformat

Social Media hat uns in den letzten zehn Jahren gelehrt, das fast zu jedem Thema global gleichgesinnte Menschen zusammenfinden, die via Internet gemeinsam eine Idee wesentlich besser als ein kleines lokales Team voranbringen können. Das gemeinsame Netz bietet ideale Plattformen für sehr schwierige, aber dringend zu lösende gesellschaftliche und wissenschaftliche Herausforderungen.
Es schlummert aber nicht nur in Deutschland ein sehr großes nicht genutztes wissenschaftliches Potenzial, das sich spielend in solchen Cloud-Projekten nützlich einbringen könnte. Wir sollten also in einer Pilotphase für ca. zehn sehr wichtige gesellschaftliche Fragestellungen Forschungsziele definieren und sie unter der Leitung professioneller Projektleiter, die den großen Forschungsinstitutionen angehören könnten, im Netz aufsetzen. Die täglich zu erwartenden Forschungsideen Tausender potenzieller Teilnehmer können z. B. von wenigen etablierten Experten ständig evaluiert und reflektiert werden. Nach den Gesetzen der Inspiration kann man eine lebhafte, kreative und bald auch tiefe Auseinandersetzung mit dem Thema erwarten, die auch zu völlig neuen Lösungen führen könnte. Ausgewählte Ideen könnten experimentell von assoziierten Kern-

teams überprüft werden. Potenziell gute Ideen werden mit Datum und Name des Ideengebers registriert und können so von dem Cloud-Team zu einem Patent angemeldet werden.

Der finanzielle Aufwand dieser Pilotprojekte wäre vergleichsweise gering, der Lerneffekt groß und die Erfolgswahrscheinlichkeit nicht gerade klein. Wir sollten es definitiv probieren, denn im Erfolgsfall steigert dieses Vorhaben die gesamtgesellschaftliche positive Einstellung bezüglich der Sinnhaftigkeit gemeinsamer Forschung.

Sichtbare Expertengremien

In einer produktiven Forschungskultur sollten nicht mehr nur die wenigen *Superexperten* unter nicht öffentlichen Bedingungen nahezu alle wichtigen Weichenstellungen, wie die Politik der wissenschaftlichen Journale, Tagungen und Förderwürdigkeit von Projekten entscheiden. Diese Aufgaben können gleichmäßig und in jährlich bis zweijährig wechselnder Funktion auf sehr viel mehr Fachleuten in einem Arbeitsgebiet verteilt werden. Die Häufung von Expertenfunktionen sollte durch entsprechende Satzungen der Forschungsgesellschaften verhindert werden. Kein Gutachter und kein Expertengremium sollte sich hinter seinen Entscheidungen verstecken können. Durch die Bekanntgabe der Begutachtungsverfahren und der Gutachter werden dubiose Bewilligungen auf der einen Seite ebenso wie unverständliche Ablehnungen auf der anderen Seite minimiert und können öffentlich nachvollzogen werden. Wichtige alternative und nicht im Mainstream befindliche wissenschaftliche Positionen werden sichtbar und können auch proportional auf Tagungen vertreten werden.

Etablierung einer Start-up-Szene

Die volkswirtschaftliche Effizienz der Start-up-Technologiefirmen ist extrem wertvoll für die schnelle und marktgerechte Auslotung neuer Technologien. Wir brauchen also verbesserte Rahmenbedingungen für Wagniskapitalgeber, wie verbesserte steuerliche Abschreibung und gesetzliche Rahmenbedingungen für Gründer und Mitarbeiter.

Das Thema ist in Deutschland und Teilen Europas nicht neu und nicht nur ein Kapitalproblem. Viele sehr fähige Forscher mit Unternehmergeist *verstecken* sich lieber in größeren Firmen, anstatt ihr Talent in Start-ups, wo die Herausforderungen vielfältiger sind, möglicherweise gewinnbringender für sich und die Gesellschaft einzubringen. Neben einer nicht immer gleichwertigen Bezahlung fehlen manchmal auch Anreize durch erfolgsbezogene Unternehmensanteile. – Und natürlich passiert es, bei meist sehr ambitionierten Forschungszielen, dass man nach den ersten Jahren mit einer jungen Start-up-Firma im Sinne des finalen Markterfolgs nicht erfolgreich ist. Leider werden Mitarbeiter, die dann freigesetzt werden, hierzulande aber nicht immer als mutige Mitarbeiter gesehen, obwohl sie in vielen Fällen deutlich breitere Berufserfahrung im Vergleich zu Forschern in größeren Unternehmen angesammelt haben. Das kann sich ändern, indem man solche Karrieren bewirbt und diesen Mitarbeitern aus nicht erfolgreichen Start-ups gute Weiterbeschäftigungen anbietet. Vorbildlich sind z. B. die von Dietmar Hopp finanzierten Start-ups in Deutschland, von denen bereits einige Biotechfirmen deutlich länger als zehn Jahre bestehen und immer wieder wichtige Beiträge zur Pharmaforschung liefern. So auch jüngst die inzwischen sehr bekannte Firma *Curevac*.

Forschungsergebnisse besser verwerten

Es mag verwundern, aber es kommt im Alltag großer Unternehmen nicht selten vor, dass entwicklungsfähige Forschungsergebnisse nicht weiterverfolgt werden. Die Gründe dafür können sehr verschieden sein und ich werde hier nur solche nennen, die ich während meiner beruflichen Tätigkeit selbst erlebt habe.

Gute Projekte nicht den Strategiewechseln opfern

Der häufigste Fall in großen Unternehmen ist ein strategischer Wechsel in der Forschung, bedingt durch neue Bewertungen der Märkte. Strategiewechsel überrollen insbesondere die global agierenden Konzerne mit schöner Regelmäßigkeit. Die *Notwendigkeiten* solcher Anpassungen werden dabei vom Synchronisationszwang durch die Börsen und Unternehmensberatungen fast unausweichlich von außen hereingetragen. Auch Zu- und Verkäufe haben fast immer Konsequenzen für das Forschungsportfolio, ebenso wie wechselnde Einschätzungen der Marketingabteilungen. Beispielsweise werden in der Pharmaforschung häufiger die Arbeitsgebiete in ihrer Attraktivität neu bewertet; die Forschung hat dann zu reagieren und alte Projekte zügig zu beenden und neue aufzusetzen. In der Praxis werden dann halb fertige hoffnungsvolle Projekte nicht weiterverfolgt. Nicht selten sind bereits patentierbare Ergebnisse vorhanden, denen dann auch ein Wert zugemessen werden kann. Und doch wird im Regelfall ein solches Projekt schnell vergessen, denn insbesondere sehr gesunde und innovativ aufgestellte Unternehmen sind nicht an Auslizensierungen eigener Forschungsergebnisse interessiert. Zwei wesentliche Gründe können hier einzeln oder in Kombination die Erklärung für dieses überraschende

Verhalten liefern: Hightech-Firmen wollen zum einen nicht den Anschein erwecken, für andere Wettbewerber zu forschen. Selbst wenn eine Auslizensierung finanziell und ökonomisch durchaus Sinn macht, kann bei erfolgreicher Entwicklung eines solchen Projektes durch den Lizenznehmer das Image des Lizenzgebers leiden. Es könnte ja als Versagen des eigenen Unternehmens betrachtet werden, so die Befürchtung. Im Ergebnis also möchten viele renommierte größere Firmen ihre Produktideen nicht durch andere entwickeln lassen, um nicht den Eindruck der eigenen Unfähigkeit zu erwecken. Der zweite Faktor sind überforderte Mitarbeiter der Lizenzabteilung, die mit der ständigen aufwendigen Prüfung von Einlizensierunsprojekten hoffnungslos überlastet sind und lästige Auslizensierungswünsche der Forscher daher ständig verschieben.

An dieser Stelle kann ich nur an das Verantwortungsbewusstsein der Firmenchefs und Vorstände appellieren, dieses Verhalten nicht länger zu unterstützen und auch den potenziellen immensen Wert der halb fertigen Forschungsprojekte zum Wohle der eigenen Firma, potenzieller Lizenznehmer und letztlich der Gesellschaft zu würdigen. Aus Gesprächen mit forschungsunerfahrenen Entscheidungsträgern weiß ich, dass sie den jahrelangen Aufbau von Know-how in der Forschung, das erst die hohe Qualität und die hohe Erfolgswahrscheinlichkeit zeitigt, nicht wertschätzen können. Aus ihrer Sicht ist die Forschung ein Service, den man per Knopfdruck an- oder abstellen kann. Dies ist eines der größten Missverständnisse zwischen Vorstand und Forschern, das oft zu fatalen Entscheidungen führt und in fast allen großen Firmen regelmäßig große Werte in Form von Projekten aber auch Kompetenzzentren vernichtet.

Sehr viel schlauer für stark forschende Unternehmen wären adaptive Strategien, die das eigene Forschungsportfolio genau untersuchen und sich die Frage stellen: *Wie können wir mit den Forschungsergebnissen den Wert der Firma maximieren?* Die Realität ist leider genau umgekehrt: Die Forschung hat sich unverzüglich auf die neue strategische Situation einzustellen. Die Enttäuschung kommt dann Jahre später, wenn man feststellt, dass die Forschung sich in einem jahrelangen Prozess als neues Kompetenzzentrum mit neuem Personal neu aufbauen musste. Nicht selten wurde bereits wieder die nächste Strategie neu implantiert, als die Forschung sich gerade erst umgestellt hatte, und erneut musste sich die Forschung wieder umorientieren.

In 35 Jahren habe ich bei 4 Firmen 13 unterschiedliche Strategien mit starker Auswirkung auf die Forschung erlebt. So wurde eine systematische Überführung von fast fertigen Forschungsprojekten zum Zufallsspiel. Vielleicht war es in meinem Berufsleben extrem, aber keines meiner erfolgreichen Forschungsprojekte wurde am Ende von der Firma auf den Markt gebracht, für die wir das Forschungsergebnis originär erzielt hatten. Die am Markt erfolgreichen Projekte hatten das Glück, von anderen Firmen rechtzeitig *adoptiert* zu werden.

Leider sind einige unserer sehr erfolgreicher Forschungsansätze mangels Lizenzbemühungen bis heute in den Schubladen der Firmen verschwunden. Nicht selten werden Jahre später sehr ähnliche Ansätze *neu* erfunden, eine gigantische Verschwendung von intellektuellen und materiellen Ressourcen.

Aus verständlichen Gründen kann ich hier nicht in die Einzelheiten gehen. Vielleicht kann eine systematische Studie hier die Fakten für dieses Thema in der Hightech-Industrie überzeugender zusammentragen. Wahrscheinlicher ist aber, dass die meisten interessanten Fakten nicht recherchierbar sind und wir daher den Flurschaden von erfolgreicher, aber in eine Sackgasse gelaufener Forschung niemals richtig erfahren werden.

Gern würde ich bessere Vorschläge als einen bloßen Appell an dieser Stelle zu dieser Problematik machen, es bleibt mir jedoch nur, den CEOs dieser Welt dringend nahezulegen, mit ihren hoch qualifizierten Forschern zu sprechen und ihr Votum mindestens so stark zu gewichten, wie das der Marketingabteilung und der externen Unternehmensberatungen. Forschung ist zwar weit weg vom Markt, hat aber ein riesiges Potenzial, das die Aufmerksamkeit des gesamten Vorstandes jederzeit uneingeschränkt verdient. Die Angst vor mutigen Entscheidungen ist fehl am Platze.

Kreative Verwertungsmodelle gefragt

Die Produktivität der Forschung kann in den ambitionierten Firmen der Hightech-Branchen im Regelfall nicht hoch genug sein. Und doch kam es zumindest nach meinen Erfahrungen in den nach innovativen Therapeutika forschenden Pharmafirmen immer wieder vor, dass die Entwicklungspipeline verstopft war und aufgrund beschränkter Mittel über einen längeren Zeitraum trotz vorhandener attraktiver neuer Forschungsergebnisse keine neuen Entwicklungsprojekte gestartet wurden.

In so einem Fall muss die Firmenleitung andere Verwertungsmöglichkeiten finden. Es muss nicht gleich die Auslizensierung sein, alternativ kann man Projekte entweder mit einer anderen Firma zusammen entwickeln oder aber temporär auslizenzieren, um sich dann nach einer frühen ersten vorentscheidenden Entwicklungsphase des Lizenznehmers, das Projekt durch ein vertraglich vereinbartes Vorkaufsrecht zum dann geltenden Marktpreis zurückzukaufen.

Ein positives Beispiel für das richtige Verhalten war die Entscheidung der Firma *Abbvie*, den im Hause über viele Jahre erforschten hochinnovativen Leukämiewirkstoff *Venetoclax* gemeinsam mit einer anderen großem Pharmafirma zu entwickeln. *Venetoclax*[12] ist ein völlig neues Wirkprinzip in der Krebstherapie und erwies sich bereits als Monotherapeutikum in einer speziellen Form des Blutkrebses als sehr gut wirksam. Nun werden diese und ähnliche Substanzen in Kombinationstherapien mit anderen etablieren Medikamenten bei verschiedenen Leukämieformen und anderen Tumoren breiter klinisch getestet.

Welche geschäftliche Lösung am Ende auch immer zur Verwertung von Forschungsergebnissen führt, wir Forscher sind darauf angewiesen, dass unsere Kollegen in den strategischen und Marketingabteilungen den Wert und die Mühe sehen, der in diese Ergebnisse geflossen ist und große, wichtige Forschungsergebnisse nicht auf Knopfdruck am Fließband in einer vorhersehbaren Weise entstehen. Wir müssen daher die vorhandenen Schätze gemeinsam sorgsam bewerten, optimal verwerten und nicht achtlos verwerfen.

Die Erfolgswahrscheinlichkeit eines Chemikers oder Biologen in der Wirkstoffforschung, an einem marktfähigen Produkt beteiligt zu sein, liegt statistisch etwa bei zehn Prozent, gemessen über seine gesamte berufliche Lebenszeit von vielleicht 30 Jahren. Das große Erfolgserlebnis ist also eher die Ausnahme, selbst für viele gute Wirkstoffforscher, und das ist in allen Pharmafirmen sehr ähnlich. Wie viel tragischer ist es, wenn der Erfolg dann nicht durch erfolglose Forschung, sondern durch firmeninterne Entscheidungen zerstört wird.

Fazit

Wir können also wesentlich mehr aus unserer Forschung machen. Der Querschnitt durch die multiplen Facetten der Forschungsstrukturen und prozesse hat an fast allen Stellen erhebliche Verbesserungspotenziale aufgezeigt. Leider ist der Prozess der Optimierung ähnlich komplex und schwierig wie die Forschung selbst und wird nicht von heute auf morgen umsetzbar sein. Während einige der hier vorgeschlagenen einfachen Verhaltensänderungen und organisatorischen Maßnahmen schon bald greifen könntcn, ist die große Veränderung der Forschungskultur ein lang anhaltender kontinuierlicher Prozess, der von allen Verantwortlichen – Forschern, Forschungsverantwortlichen in öffentlicher Forschung und Industrie sowie Politikern – gleichermaßen gewollt und unterstützt werden muss.

Es ist weit mehr, als nur die vorschnelle Forderung nach mehr Forschung und Geld auszurufen. Das kann an der einen oder anderen Stelle sinnvoll sein, aber dringlicher ist es, das Haus der Forschung zunächst einmal in Ordnung zu bringen.

Und nicht zuletzt haben alle Mitbürger, insbesondere auch die verschiedenen Interessenvertretungen aus Kirche und Gesellschaft, eine ethische Mitverantwortung dafür, dass die richtigen Dinge in der richtigen Weise in der Forschung vorangetrieben werden. Nur so können wir das volle Potenzial abrufen, das vielfach noch schlummert, aber sicher in unserem Land reichlich vorhanden ist.

Wenn uns das auch nur in Teilen gelingt, werden wir auch in Deutschland wieder häufiger bahnbrechende Erfindungen und Innovationen realisieren und so dazu beitragen, mit dringend benötigter höherer Geschwindigkeit diese Welt in einer Weise gestalten zu können, wie die Menschheit und Natur es verdient haben.

Quellenangaben

1a) Aus Wikipedia, *Alzheimer Forschung,* und dort zitierter Literatur: *The Beta-Amyloid-Hypothesen for Alzheimers Disease, Frontiers in Neuroscience*, 2019

1b) Hillen H., The Beta Amyloid Dysfunction (BAD) Hypothesis for Alzheimer's Disease, Front Neurosci, 2019, 7;13:1154

2. Patentanmeldung WO2011130377

3. Patentanmeldung WO2016005328

4. Handelsblatt vom 18.09.2012: *Ausverkauf: Wie Fehleinschätzungen Strukturen verändern*

5. Aus Wikipedia, *Erfindungen,* und dort zitierte Literatur

6. *125 Jahre BASF*, Jubiläumsschrift 1990;

7. BASF-Geschichte, Chemie die verbindet, 1865–2015; www.basf.com

8. Nach A. T. Kearney: *Top-10-Pharmaunternehmen nach Umsatz 1981–2012*

9. *EG-Förderprogramm Horizon 2020*; www.ec.europa.eu

10. Patent zum Wirkstoff *Enbrel, EP0471701*

11. BMBF-Webseite; www.research-in-germany.org

12. Aus Wikipedia, *Venetoclax,* und dort zitierte Literatur